普通高等教育艺术设计类专业"十三五"系列规划教材

居住空间室内设计

吕从娜　赵　一　主编

李红阳　田　地　惠　博　副主编

U0236238

全国百佳图书出版单位

 化学工业出版社

·北　京·

本书主要介绍了居住空间室内设计的设计方法和程序，不仅着眼于艺术设计类专业，也适合其他艺术专业的基础教学要求。本书具有很强的基础适用性、科学性和实践性，内容吸纳借鉴了国内外同类著作和教材的有关论述，以简明实用为原则进行编写，致力于加强学生的审美和创新意识培养。通过大量课堂造型体验案例直观解读教学设计，为初学者和专业教师提供了难得的借鉴资料。

本书既可作为普通高等院校环境设计、室内设计、环境艺术设计类专业的教材，也可以供广大艺术设计爱好者入门学习和参考使用。

图书在版编目（CIP）数据

居住空间室内设计/吕从娜，赵一主编. —北京：化学工业出版社，2018.10（2025.1重印）

普通高等教育艺术设计类专业"十三五"系列规划教材

ISBN 978-7-122-32855-7

Ⅰ.①居…　Ⅱ.①吕…②赵…　Ⅲ.①住宅-室内装饰设计-高等学校-教材　Ⅳ.①TU241

中国版本图书馆CIP数据核字（2018）第188745号

责任编辑：马　波　胡全胜　徐一丹　　　　　　装帧设计：溢思视觉设计　E-mail: isstudio@126.com
责任校对：宋　玮

出版发行：化学工业出版社（北京市东城区青年湖南街 13 号　邮政编码 100011）
印　　装：天津裕同印刷有限公司
880mm×1230mm　1/16　印张 15½　字数 435 千字　2025 年 1 月北京第 1 版第 6 次印刷

购书咨询：010-64518888　　　　　　　　　　售后服务：010-64518899
网　　址：http://www.cip.com.cn
凡购买本书，如有缺损质量问题，本社销售中心负责调换。

定　　价：69.00 元　　　　　　　　　　　　　　　版权所有　违者必究

《居住空间室内设计》编写人员

主　编：吕从娜　赵　一

副主编：李红阳　田　地　惠　博

编写人员（按照姓氏笔画排列）：

田　地（沈阳城市建设学院）

吕从娜（沈阳城市建设学院）

李红阳（沈阳城市建设学院）

张秭含（香港榀森设计有限公司）

赵　一（沈阳工学院）

洪忠涛（沈阳业沣装饰设计咨询有限公司）

惠　博（沈阳城市建设学院）

蔡宝峰（辽宁中科创艺照明设备技术有限公司）

序

PREFACE

随着我国经济的持续快速发展和人们生活水平的不断提高，二孩时代、老龄化时代、智能家居时代等已经来临，人们迫切希望能够拥有健康、舒适、安全、个性，且符合自己喜好的住宅空间。住宅不仅要合理安排各种使用功能，更重要的是增强家庭凝聚力，满足家庭温馨和安逸的心理需求，使住宅空间更适合家庭生活，成为有益于人类健康发展的人工环境。

人类对住宅空间的理解来源于人们对居住的需求，这促进了建筑空间的改进和发展，也促进了设计的形成。但就我国目前的设计水平而言，由于理论和实践不完善，常常导致住宅室内环境设计不理想、不健康、不舒适以及设计手法相似等问题，设计的过程消耗了人类的大量能量。我们需要做的是沿着这条脉络去追溯，去找到解决我们今天居住问题的方法。这对于从事居住空间设计的室内设计师们提出了更高的要求。现代设计师第一重要的是真正地从人们生活需求出发，认真地观察生活，掌握先进的设计理论方法；第二重要的则是学会与居住者真诚地沟通，掌握设计实践，用心来做设计。

本书是在大量实际教学经验的基础上，经过编者的教学改革和实践探索编写而成。它通过对以往居住空间室内设计的教学理念、教学内容、教学方法和教学效果的探索与修正，形成了以学生动手为主、教师指导为辅的项目实战型教学模式。本书的特色在于，一是确定"以项目为主题，以实战为方法"的一条主线，紧密结合实际；二是提供了大量的设计资料案例与优秀校企合作单位的优秀设计作品，启发学生开阔视野，提升设计水平。

鲁迅美术学院建筑艺术设计学院

前言

FOREWORD

　　居住空间室内设计是环境设计专业、室内设计专业、环境艺术设计专业必修的专业课程之一，居住空间室内设计师是目前市场比较热门的岗位，企业需要大量的人才，在聘用设计师时，需要设计师必须掌握居住空间设计的各个环节及设计理论知识和实践知识。

　　在环境设计专业教学中，居住空间室内设计是整个室内设计课程体系内的第一门专业课，其作用不言而喻。在实际教学过程中，我们尤其需注意加强对学生实践能力的培养，强化校企合作和项目教学，注重以任务引导型实践或项目作业来诱发学生兴趣，使学生在案例分析或完成项目的过程中掌握项目的操作；注重"教"与"学"的互动，学生在活动中增强职业意识，掌握本课程的职业能力；重视实践，更新观念，并为学生提供顶岗实训的机会与平台。

　　本书汇集了笔者多年的设计实践经验，也是在高等院校教育工作中的研究和总结，同时征求 30 余家企业意见，与企业联合编写本书。

　　为了培养学生成为真正的设计师，本书从实战出发，从"零"出发介绍居住空间室内设计的基础方法和程序。本书不仅包含了全面的理论知识，更注重培养实践能力，各功能区通过不同的案例进行理论分析，使学生掌握不同空间的设计方法和要点，加速提升设计能力。

　　本书共八章，采用理论与实践相结合的方式讲述，在理论部分加入工程案例，使学生更好的掌握居住空间的设计方法。

　　第一章到第五章是基础理论部分，系统讲述居住空间室内设计的历史和发展、设计要素、功能分区、设计风格及设计流程，使学生了解居住空间室内设计的基本理论知识和设计方法。近几年室内软装饰越来越受到人们的青睐，本书在第二章、第四章加入了这部分的内容，使得本书内容更丰富。第六章是材料和施工工艺部分，结合企业多年工程案例将这部分内容进行系统的编写。第七章是案例欣赏部分，主要是室内设计行业的优秀案例。第八章是实操部分，系统训练后，按照实训要求进行工程实操训练。

本书由沈阳城市建设学院吕从娜、沈阳工学院赵一担任主编，沈阳城市建设学院李红阳、田地、惠博担任副主编，辽宁中科创艺照明设备技术有限公司蔡宝峰先生、香港楗森设计有限公司张秭含先生、沈阳业沣装饰设计咨询有限公司洪忠涛先生参与编写。具体分工是：吕从娜负责整本书的统稿和方向的把控及第二章、第五章部分内容，第七章部分案例的编写；赵一负责第三章、第七章部分案例，第八章部分内容的编写；李红阳负责第一章、第二章、第八章部分内容的编写；田地负责第四章、第五章部分内容的编写；惠博负责第六章的编写；蔡宝峰、张秭含、洪忠涛负责第七章部分案例的编写。

本书在编写过程中还吸取了其他教材的素材和经验，在这里表示感谢。特别感谢辽宁中科创艺照明设备技术有限公司蔡宝峰先生、香港楗森设计有限公司张秭含先生、沈阳业沣装饰设计咨询有限公司洪忠涛先生、辽宁方林装饰集团张富峰先生、沈阳杨婷装饰设计有限公司杨婷女士、沈阳博明装饰工程有限公司曲国富先生以及校企合作单位的白金、赵兵、范宏伟、王之水、吕亮、李朋霏、时钰、李文凯、赵芯露等多位优秀设计师的大力协助。

吕从娜

目录
CONTENTS

第一章

居住空间室内设计的概念与发展

第一节　居住空间的定义和特点

居住，长久以来是人们最为基本的生活行为之一。现代社会里，这一简单的功能性需求，已逐步被追求品质的生活体验所代替，人们对居住空间的要求已不再仅仅是拥有一个可以挡风避雨的场所，而是要求能在这个居住空间里获得一种舒适美妙的生活感受。舒适、放松、自然和人文的空间，正开始尝试着走入生活的视野，如图1-1所示。

< 图 1-1　现代居住空间

一、居住空间的定义

居住空间一直被人们视为安全、舒适、宜人又富有美感的居住环境，是人类生活、生命寄居的载体。居住空间，包括居住内空间和居住外空间。由顶面限定、具有居住功能的实体构造的空间，即为居住内空间；居住内空间以外的空间体为居住外空间。

狭义地说，一栋建筑和另一栋建筑组成的空间即为居住外空间，然而，内空间与外空间的差别只是相对的，不存在严格的界限。例如中国的四合院，住宅内部为内空间，内庭院为外部空间；而相对整个住宅来说，四合院为内部空间，四合院外为外部空间，如图1-2所示。

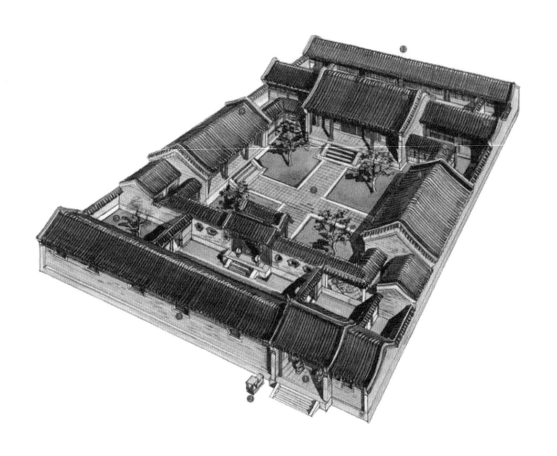

❮ 图 1-2　四合院空间模型

二、居住空间的特点

1. 以人为本

满足使用者的需求，人类才能生存下去。人的因素是首要考虑要素，是居住空间室内设计的第一个目标。以人为本是居住设计的出发点和终结点，设计师要始终把人对居住环境的要求放在首位，包括物质需要和精神需要两方面，这才是成功的设计案例。

2. 安全、舒适、美观

居住空间室内设计的第二个目标，是创造使人感到安全、舒适又美观的空间环境。安全的室内环境设计，是人们生活的首要保证。在安全的设计前提下，设计师需要有效地满足使用者对空间活动和功能的需求，同时考虑舒适、美观的环境空间设计。舒适且美观的居住环境，可为生活在室内空间的人类，提供良好的生活方式及精神动力，间接促进了人的发展及社会的稳定。

3. 绿色可持续

作为人类起居的居住空间，绿色可持续一直是我们追求的目标。这种家居生活方式是以保护和维持居住的自然生态——空气、阳光、水、原有绿植，遵循节约、循环利用、保护环境的原则，减少重复和浪费的设计，利用可循环和回收的产品，共同创造人类家园。绿色可持续的生活方式已经成为现代生活的主旋律，它只会更全面、更完善、更健康，人类也将更有责任感、更懂得珍惜地对待生态环境。

第二节　居住空间的历史和发展趋势

一、居住空间的历史

从原始的洞穴棚屋到现代的摩天大楼，与人类生活息息相关的庇护所在绵延数千年的历史长河中不断演变发展。归根结底，建筑不过是围绕着你的背景、支撑着你的地面和庇护着你的屋顶。

1. 史前时期——房屋的形成

人类最早居住的室内空间为洞穴，大约在11000年或者更早时候，正如我们所知，当时的人们以狩猎为生，在洞穴中他们最安全。人们在洞口生火，这样既能取暖又能在他们烤肉时防范动物，这种简单的生火行为，是人类最早的基本生活技能之一。

农业技术的发展，使得男人们不再追逐猎物，而是通过饲养驯化动物；女人们开始收集种子，并加以播种。人类慢慢从洞穴走出，选择在临近河流、溪流和森林的地方建造定居点。于是动物成为了家禽家畜，农业定居地就这样诞生了。定居意味着房屋，房屋是一种新的创造物，独立于洞穴观念的庇护所。他们把树干的顶端扎在一起，在它周围的表面上编织着许多小的树枝和小树干。这是一种早期的棚屋形式。在美洲大陆的平原上，出现了用长杆做成骨架，顶端扎紧在一起，外墙用兽皮覆盖围成的圆锥形帐篷，外墙留有入口，顶上也留有一个开口，作为通风使用，可以让阳光射入，同时还起着烟道的作用，如图1-3所示。

随着气候适宜、水源、食物富足，人们减少迁居，聚居的村落逐渐形成。从独立的简单空间，发展成为带有厨房和储藏室的复杂空间，并通过门道连接每个茅草房间。墙壁是用泥土或石块筑成的，屋顶是用泥制成，并用芦苇固定。最早的居住空间已经慢慢出现，这些设计并不是根据现代室内设计概念设计成的，它只是一个空洞，由建造的技术所决定，如图1-4所示。

<　图1-3　美洲土著人帐篷

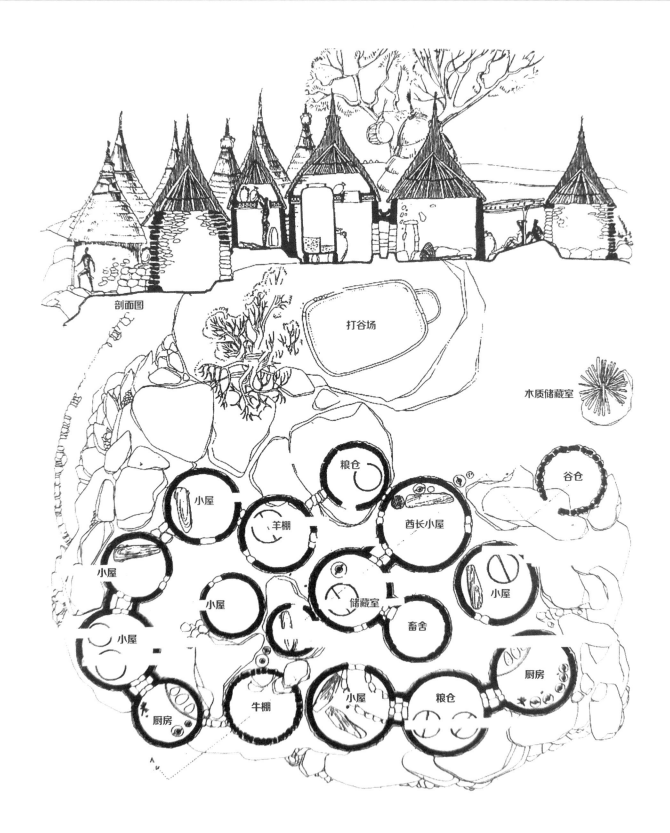

剖面图

打谷场

木质储藏室

粮仓

小屋

羊棚

酋长小屋

谷仓

小屋

小屋

储藏室

小屋

畜舍

小屋

厨房

牛棚

小屋

粮仓

厨房

< 图 1-4　非洲马塔部落洞村庄平面和剖面图

2. 公元前 2000 年～公元 5 世纪——崇拜、敬畏阶段

　　在经历了约二千五百年，人类走过了漫长的原始社会及封建社会前期，随着生产力的发展，人类来到奴隶社会。奴隶社会促使建造技术不断成熟，柱子、构架、拱门和拱顶技术陆续出现，大规

模的室内单体建筑出现——神庙建筑。严谨的空间规划、建筑的空间体量、室内空间的装饰，更多
的是强调统治者的意志、力量和严格的等级制度，以及用色彩和图腾符号表达人对自然的崇拜和敬
畏，如图1-5所示。

3. 公元5世纪～公元14世纪——室内装饰的发展、形成阶段

在西方，漫长的中世纪跨越了近千年的人类历史，人们的思想基本禁锢在神的统治中，教会将
人们紧紧地"团结"在一起。此时的室内装饰依然为统治阶级、宗教服务，室内壁画、雕塑、家具
依然表达了对神的崇拜与敬畏，如图1-6所示。

而中国在这段时间里跨越了唐、宋、元三大朝代，中国已经形成较为完整的居住空间。经过千
年历史，四合院的形态已经建立，出现门窗和彩篱的构图，还出现了大方格的天花和藻井，藻井上
斗拱的装饰也已形成，如图1-7所示。

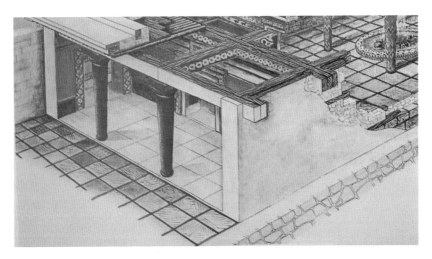

◁ 图1-5　希腊迈锡尼宫殿的正厅复原图，公元前2000年左右

◁ 图1-6　法国圣丹尼斯修道院

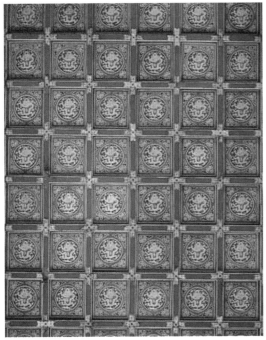

◁ 图1-7　中国建筑装饰（大方格天花藻井）

4. 公元15世纪~公元19世纪中叶——室内装饰成熟阶段

在西方，从文艺复兴开始，巴洛克、洛可可、新古典等艺术风格走向成熟。与此同时，住宅建筑及室内设计也趋于完善，无论是技术还是设计手法，都达到了历史的前所未有的高度。不断追求功能性、舒适性及个性的室内装饰已经形成，如图1-8所示。

＜ 图 1-8　巴黎朗贝尔公馆大客厅，18世纪　　　＜ 图 1-9　中国德懋堂

中国明清时期，居住空间设计已经达到较高水平，呈现独特的风格及样式。在居住空间设计上，反应出了鲜明的民族特色，客厅是最为重要的空间。到明朝中期，客厅渐渐成为住宅中心化的场所，其功能和形式已经发展的十分完整和丰富。平和、安详，讲究主次、尊卑的室内设计装饰风格已经成熟，如图1-9所示。

5. 19世纪至今——现代室内设计风格形成与发展

1851年的首届伦敦世界博览会，宣告了人类历史已经进入了工业化时代。自工业革命以来，钢铁、玻璃、混凝土、批量生产的纺织品和其他工业产品，以及后来出现的大批量生产的人工合成材料，给设计师带来了更多的选择。新材料及其相应的构造技术极大地丰富了居住空间设计的内容。20世纪60年代，现代室内追求实用功能、注重新技术、讲求人情味、注重舒适度、关注环保可持续性、追求个性及独立性的居住空间已经形成。

二、居住空间的发展趋势

居住空间的发展趋势与时代需求密切联系，精细化、集成化、智能化、多样化的室内设计，必将成为现代居住空间室内设计新的发展方向。

1. 精细化

当下，国内土地资源日渐紧缺，市场经济使得设计者、开发者及消费者，都开始关注住宅设计的精细化考虑。以"节能省地"为前提，着力探讨节约型居住区的规划方法。提倡住宅的精细化设计，追求套型结构的合理配置、功能空间的灵活多变、厨卫空间的人性化设计，以利用压缩户内多余交通面积等手段，在节地的同时保证居住空间的舒适性，如图1-10、图1-11所示。

2. 集成化

城市中商品住宅的开发和建设，正经历着前所未有的发展速度和规模，众所周知，套型结构失调、粗放型建造、设计缺乏研究，已经成为现在城市住宅领域中不容忽视的问题。在此基础上，推

◀图 1-10 厨房的精细化设计

◀图 1-11 卫生间的精细化设计

广精装修住宅,以工业化、标准化的部件,精细成熟的施工技术和环保的建材,降低成本,保证住宅产品质量,减少在人力物力方面的浪费。

3. 智能化

智能家居是管理家庭各种用电设备的一套软件系统,通过智能家居可以自动地根据人物、环境、时间等外部条件的变化调整家庭各种设备的状态,从而起到自动管家的作用,使我们的生活更方便、安全、健康、环保。

通俗地说,智能家居又称智能住宅,它是融合了自动化控制系统、计算机网络系统和网络通讯技术于一体的网络化、智能化的家居控制系统。智能家居将让用户有更方便的手段来管理家庭设备,比如,通过触摸屏、无线遥控器、电话、互联网或者语音识别控制家用设备,更可以执行场景操作，使多个设备形成联动；另一方面，智能家居内的各种设备相互间可以通讯，不需要用户指挥也能根据不同的状态互动运行，从而给用户带来最大程度的高效、便利、舒适与安全，如图1-12～图1-14所示。

◀ 图 1-12　SCS 智慧家居系统方案组成

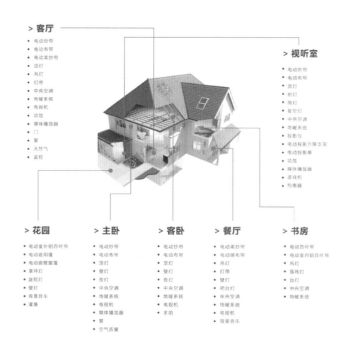

◀ 图 1-13　智慧别墅解决方案

智慧别墅
自定义场景模式

起床模式

早餐场景

离家模式

监控拍摄模式

远程居住控制模式

回家模式

休闲模式

睡眠模式

起夜模式

周六

清晨

应用产品

< 图1-14　智慧别墅自定义场景模式

4. 多样化

随着人们物质生活水平的不断提高，居住的空间形态也日益多元化，由最初的单一形式逐渐转向多层次、多风格、多元化方向发展。2010年以来，住宅的商品化特征越发明显，套型设计呈现多样化的趋势。从"健康住宅""绿色住宅""生态住宅"到"亲情住宅""另类住宅""第二居"，新概念层出不穷，居住的舒适性、健康性和文化性受到普遍关注。

本章训练课题

① 根据时间的轴线，叙述居住空间的形成与发展。
② 浅析什么是智能家居。

第二章

居住空间室内设计的要素与人体工程学

居住空间室内设计的要素

居住空间室内设计的要素由五个方面组成，即界面、色彩、灯光、布艺、饰品，五者之间相互影响，需在设计中共同考虑。室内设计通过环境要素的共同创造，来达到室内情感设计的目的与意义。

一、空间与界面

居住空间的室内界面，包括顶面、墙面和地面。整个室内空间由六大界面组成，在居住空间设计中，不分先后、主次，只有位置及作用不同。在设计过程中，设计师首先根据业主的审美、情感及需要，为空间选定风格、色调和平面布局。其次，根据平面布局图，确定空间主、次界面。再根据风格和色调，确定整体界面联系及单个界面细节，最后进行统一调整。界面之间虽有主、次之分，但要协调统一，还包括造型及色彩。空间界面设计是居住空间的设计基础，既决定空间风格，又确定空间背景色彩，是设计中最为重要的环节。

（一）客厅的界面设计

客厅是居住空间室内设计的核心区域，它的设计风格直接影响了整个居住空间的设计走向。由于客厅多与餐厅相连，需做到两者风格统一，也决定了两者界面设计的相似性。

1. 顶面

根据房间的层高，考虑顶面设计造型及灯具选择。如室内层高高于4m，可以考虑造型复杂的顶面设计，有利于降低层高，创造出安全、温馨的室内环境，如图2-1所示。

当室内层高在2.7～2.9m时，可考虑间接照明且造型相对简洁的二级吊顶，在满足人们需求的同时，应避免顶棚眩光的出现，如图2-2所示。

当室内层高低于2.6m时，需选择简洁、大方的单层顶面。材料以石膏线条为主，设计避免了层高过矮，减少人们为此产生的压抑感，如图2-3所示。

◀图2-1 实木井格吊顶客厅顶面　　◀图2-2 二级吊顶客厅顶面

◀图2-3 平顶客厅顶面　　◀图2-4 顶面色彩与墙面色彩呼应

根据室内层高，确定顶面造型样式；再根据整体空间风格和色彩，选择合适的顶面材料及颜色。通常情况，客厅顶面材料多以轻钢龙骨、纸面石膏板、石膏线为主，涂刷乳胶漆。乳胶漆色彩以白色为主，或根据房间具体色彩要求，涂刷不同色彩。在设计过程中，如无特殊要求，建议顶面以简洁、大方为原则，避免空间出现头重脚轻效果，如图2-4所示。

2. 墙面

客厅的墙面设计，决定了整个居住空间的风格走向及背景颜色，也为空间内部的材料及造型选择奠定基础，是居住空间设计的重点。首先，区分主、次墙面。一般情况，将沙发和电视背景墙作为客厅墙面的设计重点，其他墙面可适当从简，如图2-5所示。

< 图 2-5 客厅电视背景墙设计

沙发背景墙与电视背景墙在设计过程中，要注意以下几点。

① 两个墙面的造型、色彩要协调、统一。可不同的色彩，但要保持同一色系，或通过相同颜色、不同材质来达到变化、统一的效果，如图2-6所示。

② 电视背景墙作为电视的背景，不宜在造型及色彩上过于复杂、鲜艳，避免喧宾夺主，如图2-7所示。典雅、大方的墙面设计，将成为未来的主要方向。

3. 地面

客厅的地面选材多以大理石、瓷砖、地板为主。不同的室内风格，决定不同的设计手法；不同的设计手法，决定不同材料的选择。花纹、颜色、图案拼接等组合方式都在设计师的考虑范围，如图2-8、图2-9所示。

地面的处理需要有连续性，但在不同功能空间的地面划分上，可通过地面材料、造型及颜色，做出相应的变化，达到区分空间的作用。客厅的核心区域——沙发组合区，根据组合沙发尺寸，在地面瓷砖设计上需设计波打线的位置，强化核心区域界限感。同时，可通过地毯搭配波打线的设计，强化客厅视觉焦点的作用，如图2-10～图2-12所示。

< 图 2-6 沙发墙面造型设计

< 图 2-7 电视背景墙墙面设计

❮图 2-8　大理石地面　　　　　　　　　　　　　　　　　　　　❮图 2-9　地面瓷砖拼花设计

❮图 2-10　客厅波打线设计　❮图 2-11　餐厅拼花及波打线设计　　　❮图 2-12　玄关地面拼花及波打线设计

（二）卧室的界面设计

居住空间卧室设计的目的是创造温馨、舒适的环境。在美观外表下，依然满足生活的需求，设计出美观、实用、安全的卧室空间，是设计师必须要达到的要求。在整体界面设计上，力求造型简洁大方、色彩舒适柔和。

1. 顶面

一般情况，卧室空间的层高在2.6～2.8m，因此，卧室顶面多表现为单层或双层吊顶，出于温馨原则，避免造型复杂、色彩艳丽，以免影响人们睡眠质量。色彩多选用白色，照明避免眩光出现，如图2-13所示。

2. 墙面

卧室墙面设计，以床头背景墙为重点，其他三个墙面次之。在整个空间墙面设计过程中，通过颜色相近、材质相似的手法统一。床头背景墙墙面要做到与其他三个墙面在造型、材质、色彩上有区别，以达到强调重点的效果。其造型力求主题明确、大方简洁、色彩适中，如图2-14所示。

卧室的墙面设计，需配合家具的使用，可在无床区域设计装饰画，达到呼应空间色彩、明确空间主题的作用，如图2-15所示。

3. 地面

卧室的地面，多以连续的木制地板铺装为主要装饰手段。同时，设计师喜欢在床体下方铺块毯，增加空间使用的舒适性及温暖感受，如图2-16所示。

地毯尺寸的选择根据床体尺寸决定。如1.8m宽双人床适合搭配2.4m×1.7m地毯，1.5m宽双人床适合搭配2.3m×1.6m地毯。儿童房地毯，适合选用色彩鲜艳、造型可爱的块毯。其颜色，要与儿童房整体色彩呼应；造型上，卡通人物、动物等主题为宜。如选圆毯，其直径控制在1～1.2m之间，如图2-17所示。

◀ 图2-13　卧室顶面设计

◀ 图2-14　卧室墙面设计

◀ 图2-15　卧室墙面挂画

❮ 图 2-16　卧室地毯　　　　　　　　　　　　　　　　❮ 图 2-17　儿童房圆形彩色地毯

二、空间与色彩

　　室内色彩是最容易引起居住者观察的要素。在室内设计中，需将色彩传递给使用人群，以达到空间情感表达的目的。每种色彩表达不同的情感，在居住空间中，我们常用的色系有：白色系、灰色系、绿色系、蓝色系、紫色系、粉色系、红色系、橙色系、黄色系及棕色系。

　　白色系，代表素雅且丰富的情感表达。在家居中，白色是无可取代的，它既是最普通又是最时髦的存在。高雅、圣洁的白百合，是少女神圣的婚纱；温暖、舒适的冬日白，是冬日清晨阳光的拥抱；清新、脱俗的亮白色，是天山冰清玉洁的雪莲，如图2-18、图2-19所示。

　　灰色系，具有百搭特性与艺术气质。灰色是沉淀考究的态度，也是高雅柔和的意向。它既可以搭配冷色调中的蓝色、绿色，带来似水年华般的意境，也可以与鲜艳色调相映成趣，集古典气质和当代艺术于一室。灰色是永远的流行色，不论是遥远的实木家具、古老印花还是现代材质、几何纹样，它都可以结合得天衣无缝，如图2-20、图2-21所示。

❮ 图 2-18　白色系室内设计 1　　　　❮ 图 2-19　白色系室内设计 2

　　绿色系，代表回归自然、不忘初心。绿色是还原自然本色的语言，更是展现自由新生、激发活力因子的灵感源泉。充满治愈效果的绿色，将人的思虑带到更为广阔的自然世界。绿色系的室内配色方案，可带人回归自然，畅快呼吸，享受诗意栖息居所的悠然快乐，如图2-22～图2-24所示。

　　蓝色系，象征着大海与天空的吟唱。似海洋与天空般的色彩，如同天气一般神

< 图 2-20 灰色系主卧室设计 1

< 图 2-21 灰色系主卧室设计 2

< 图 2-22 嫩绿色系的客厅设计

< 图 2-23　墨绿色系卧室设计 1　　　< 图 2-24　墨绿色系卧室设计 2

秘莫测，时而和风细雨，时而惊涛拍岸，因此蓝色总能给人无穷的想象空间。藏蓝色静谧深邃，充满着高贵而神秘的力量；蒂芙尼蓝的优雅浪漫，俘获无数女人的芳心。当蓝色与白色搭配，可以带来清凉优雅的舒适感；而大量融入布艺印花，则传达的是古老青花的不朽神韵，如图 2-25、图 2-26所示。

　　紫色系，高贵典雅的女性象征。紫色来自于宫廷，也来自于自然，它是雍容华贵的色调，代表着权力与信仰。紫色在家居中很难运用，也正因此，紫色的配色方案更显珍贵。紫色的可塑性极强，绛紫可以带来宫廷的奢华气质，兰花紫则淡雅又如梦如幻。除了作为背景色大面积使用之外，它更多被运用在沙发、靠包以及装饰挂画上，在这里我们看到了古典和现代相融合的契机，如图2-27、图 2-28所示。

　　粉色系，营造梦境的专属色彩。粉色几乎是女人的专属色彩，它浪漫而甜美的色调装饰着每一个女人的家居梦想。它更多地被运用在较为私密的女性空间中，如卧室、女儿房、衣帽间。在家居设计中，甜美的粉色有让人无法抗拒的公主般的高贵，它与绿色搭配带来的是浪漫与娇宠的少女气息，而与紫色搭配则有着高贵冷艳的气质。但无论怎样搭配，它都会是我们营造梦境的最佳选择，如图2-29、图 2-30所示。

< 图 2-25　蓝色系客厅设计

< 图 2-26　蓝色系卧室设计

< 图 2-27　紫色系卧室设计

< 图 2-28　紫色系卧室一角

< 图 2-29　水粉色系儿童房设计

< 图 2-30　玫粉色系主卧设计

❮ 图 2-31　红色系客厅设计　　　　❮ 图 2-32　红色皮革沙发　　　　　❮ 图 2-33　质朴的红色家居

　　红色系，象征载歌载舞与贵族记忆。红色代表着活力热情，是一种鲜明的、有生气的色彩。它既可以增加阴暗房间的亮度，也可以为质朴空间增加时髦感。它与灰色搭配，在素雅的暗色调中加入鲜亮，会显得高雅、富有现代感；而与冷静的蓝色搭配，则可以起到强烈的视觉冲击作用，成为空间中抢眼的色彩。红色的运用，可以让空间充满幻想和童真，让绚丽的色彩带来纵情的快乐，如图 2-31 ～图 2-33 所示。

　　橙色系，象征活力四射的动感精灵。色泽明媚而温馨，调性火热而欢快，介于红色与黄色之间的橙色，用最朴实的语言诉说着最动人的情话。色泽亮丽的橙色，作为暖色系中最温暖的颜色，在家居搭配中，有着至关重要的地位。满目的橙色背景，让人联想到那硕果累累的金秋季节，幸福而欢快。惹人注意的橙色点缀，与柔和的色彩相搭，活力满满，温馨醉人，如图 2-34 ～图 2-36 所示。

❮ 图 2-34　橙色系室内空间设计　　❮ 图 2-35　橙色系客厅设计　　❮ 图 2-36　以橙色为客厅点缀色的室内设计

　　黄色系，代表温馨正能量。如阳光般温暖的黄色是乐观主义的性情，带来生命的喜悦、收获的甜蜜。它赋予空间温度和能量。从性情温婉的纳瓦霍黄到热情丰收的玉米黄，还有充满能量的含羞草黄，它们或怀旧或现代，或传统或时尚。当它与暖色调搭配，活力与温馨表现得淋漓尽致；而与冷色调碰撞，冷暖平衡中可以感受浪漫静谧之美，如图2-37、图2-38所示。

　　棕色系，代表温文尔雅和低调。源于大地色系的棕色，色调温润柔和，沉静内敛，让人联想起茂密的丛林、裸露的木材、充满质感的皮革。它的沉稳与低调在家居搭配中有着举足轻重的地位，它既可以与帝王蓝的高贵相协，和晚霞色的温馨相伴，又可以突出中国红的热情，凸显珊瑚粉的清新浪漫。它温文尔雅的绅士情怀，传承着自然的宽广包容，成为家居中无法或缺的色彩，如图2-39～图2-41所示。

< 图 2-37　黄色系下的暖色调空间

< 图 2-38　黄色系与冷色调碰撞

< 图 2-39　棕色室内空间

< 图 2-40　棕色与帝王蓝碰撞

< 图 2-41　棕色系温文尔雅的男士书房设计

三、空间与灯光

1. 现代居室照明设计原则

居室照明设计既要执行照明设计技术标准和相应的设计规范，以满足人们生活、视觉舒适健康等方面要求，又要考虑人们对光环境、心理机能和审美等方面要求。所以，我们可以界定现代居室照明设计原则，应以满足居住者的物质和精神需求为前提，合理地选择和安置灯具，在满足生活功能需求前提下，营造一个实用且艺术的居住环境。在这一过程中，还要注意灯光色调与居室内部装饰色彩的协调统一，巧妙地利用光影的结合，体现光的造型表现力。同时，还应考虑照明质量、经济、节能、安全及便于维护管理等其他因素。我国涉及室内照明的主要标准是 GB 50034—2013《建筑照明设计标准》和 GB/T 5700—2008《照明测量方法》，其分别规定了新建、改建和扩建以及装饰的居住、公共和工业建设的照明设计要求及照明测量方法，对我国公共建筑光照质量提高和绿色节能改善起到了重要的促进作用。

2. 居室照明的分类

现代居室照明设计方式可分为一般照明、局部照明、重点照明和混合照明。照明类型依据光的发散方式可以分为直接照明、半直接照明、间接照明、半间接照明和漫射照明。

一般照明指为照亮整个场所而设置的均匀照明，这类照明（如下照灯或均匀的垂直照明）帮助用户与观察者判明方位，并为他们提供安全感。局部照明指特定视觉工作的、为照亮某个局部而设置的照明。重点照明是重点突出空间中的物体、区域或某一地带，营造视觉层次感，而设置的照明，为建筑室内外区域营造舞台般照明效果的首要选择，极具视觉吸引力。在现代居室设计中广泛采用的是混合照明方式，把一般照明与局部照明有机结合起来，在一般照明的基础上加强局部照明，使居室环境产生跌宕起伏、姿态万千的视觉变化效果。设计时根据不同的环境用途和建筑自身的风格，采用不同的照明方式、配光、光源及灯具类型，通过运用不同的光源、光色、照度等变化因素，营造氛围和意境，在满足生活功能前提下达到调节和改善空间效果的作用。

3. 居室照明的物理性要求

基于目前人们对照明的研究结果，建筑灯具的光色特征主要表现在两个方面：一方面是光源本身的色表主要体现在色温的数值；另一方面是对被照物体颜色的呈现性能主要体现在显色性数值。在使用LED光源灯具时，选择同类光源时光源的色容差不应大于5SDCM，长期工作或停留的房间，色温不宜高于4000K，对于特殊显色指数R9应大于0，TM-30-15 R_f 色彩真实度 ≥80，TM-30-15 R_g 色彩饱和度80～120，光色品质CQS≥80。另外灯具功率因数功≥0.9，灯具要求无频闪，频闪百分比＜5%，具体色温图如图2-42所示。

玄关空间照明物理性要求：建议相关色温＜3300K；色表特征呈暖色；显色性数值范围为 R_a ≥80。玄关空间的主要功能是过渡作用同时兼备一定的储藏观赏作用，是一个家庭的门面，表达居住者的特征及兴趣艺术品等特色物品都应采用重点照明，所以对照明不应该被忽视，如图2-43、图2-44所示。

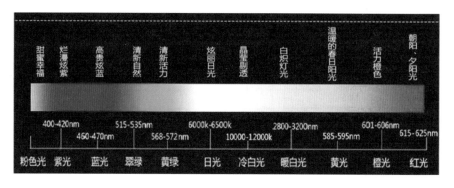

◀ 图2-42　色温图

◀ 图 2-43　玄关照明设计 1　　　　　　　　　　◀ 图 2-44　玄关照明设计 2

客厅起居室空间照明物理要求：建议相关色温＜3300K；色表特征呈暖色（也可根据个人偏好设定或根据人体生物钟与自然光变化调节灯光色温）；通过重点照明突出特别物品来营造空间趣味性，建议照度设为50lx（25岁以下）、100lx(25～65岁)、200lx（65岁以上）三档；通过一般照明为客厅提供走动的足够照明，并展现房间各个不同位置，建议照度设为40lx（25岁以下）、80lx(25～65岁)、160lx（65岁以上）三档；显色性数值范围为$R_a \geqslant 80$。客厅起居室空间是家庭生活中使用率最高的空间，使用时间相对较长，对照明的要求也较高，所以在客厅起居室空间的照明的选择上要格外注意，灯具应选择表面亮度低、无眩光的照明灯具。照明控制可以根据场合功能的需求来设计，如会客、电视、打牌等来改变照明场景，如图2-45～图2-47所示。

◀ 图 2-45　客厅照明设计 1　　　　　　　　　　◀ 图 2-46　客厅照明设计 2

◀ 图 2-47 客厅照明设计 3

◀ 图 2-48 餐厅照明设计 1　　　　◀ 图 2-49 餐厅照明设计 2

　　餐厅空间照明物理要求：建议相关色温＜3300K；色表特征呈暖色；餐桌局部照明应强调食物颜色和质感，建议照度设为100lx（25岁以下）、200lx(25～65岁)、400lx（65岁以上）三档；一般照明必须满足各种活动需求，建议照度设为50lx（25岁以下）、100lx(25～65岁)、200lx（65岁以上）三档；显色性数值范围为$R_a \geqslant 80$。中国人注重家庭团聚，一家人聚在一起吃饭就是团聚的具体体现形式，在餐厅空间的照明选择上要注意温馨氛围的营造，注意灯具安装位置避免造成令人不快的阴影，一定要避免灯具产生的眩光及桌面反射眩光。照明控制要与人的活动相匹配，如宴会、清扫、私密等，如图2-48、图2-49所示。

卧室空间照明物理要求：推荐相关色温＜3300K；色表特征呈暖色；显色性数值范围为 $R_a \geqslant 80$。睡眠占掉人生的三分之一时间，舒适睡眠是美好生活和工作的保障，有一个温馨舒适的睡眠环境是家庭生活的核心因素，在卧室空间照明的选择上一定要遵循科学性原则，避免居住者躺在床上时产生眩光，要采用正确的配光灯具、安装位置或采用间接照明方式。另外卧室兼具其他功能时，如看书，就需要按阅读标准做局部照明（一般采用台灯），还要设置夜间起夜的自动感应照明灯具。此类照明灯具应只照亮地面，照度较低，不影响其他人的睡眠质量，如图 2-50、图 2-51 所示。

书房空间照明物理要求：建议色温 3300 ～ 5300K（选择 LED 光源时不大于 4000K）；色表特征呈中间色；照度 300 ～ 500lx，对于阅读的老年人来说 1000lx 较为合适；显色性数值范围为 $R_a \geqslant 80$。书房照明要避免由于错误的安装位置及灯具本身而产生的眩光，居室环境中书房空间照明设计往往被忽视，不能达到相关阅读和工作需求，从而影响人的身心健康和生活质量。照明控制一般采用调光控制，调节照度高低以适应视觉任务，如图 2-52、图 2-53 所示。

厨房空间照明物理要求：建议相关色温＜4000K；色表特征呈暖色或中间色；在操作台面位置应有较高的照明水平，要避免阴影产生，建议照度设为 150lx（25 岁以下）、300lx(25 ～ 65 岁)、600lx（65 岁以上）三档；显色性数值范围为 $R_a \geqslant 80$（在厨房空间照明的选择上还要注意防烟、防雾的要求）。厨房空间为精细操作空间，对照明的需求也较高，主妇的使用率较高，好的厨房空间照明设计是对厨房使用者的特殊关爱，照明应该提供一个综合一般照明、局部照明的方案，如图 2-54 所示。

卫生间空间照明物理要求：建议相关色温＜3300K；色表特征呈暖色；建议照度设为 150lx（25 岁以下）、300lx(25 ～ 65 岁)、600lx（65 岁以上）三档；显色性数值范围为 $R_a \geqslant 80$（在卫生间照明

◀ 图 2-50　卧室照明设计 1

◀ 图 2-51　卧室照明设计 2

◀ 图 2-52　书房照明设计 1

◀ 图 2-53　书房照明设计 2

<图 2-54 厨房照明设计

<图 2-55 卫生间照明设计 1

<图 2-56 卫生间照明设计 2

设计中还要注意考虑湿度、防腐蚀的问题)。卫生间的设计很重要，也是容易出效果的地方，通常情况下卫生间的自然光照明都不是很好，故需要人工照明。好的设计作品也是极其注重灯光照明效果的，应优先考虑镜子处垂直照明，保证照镜子时面部无阴影，无刺眼眩光产生。照明控制要考虑夜间使用卫生间时，从安全和舒适性角度考虑，要有不同分级的亮度、单独切换、调光控制、当无人时自动关灯，如图 2-55、图 2-56 所示。

其他空间的照明物理要求要根据空间功能进行科学合理的分析，照明设计的前提是要满足照明功能，而后才是艺术氛围的营造。

四、空间与布艺

布艺是点缀格调生活、创造美的使者，是人类生活的好搭档。家具布艺、窗帘、床品、地毯、桌布、桌旗、靠包等，都归到家纺布艺的范畴内。在居住空间中，运用不同的布艺材质、造型、图案及色彩搭配，犹如画家手中的画笔，能创作出不同凡响的室内空间设计。布艺可以柔化室内空间中生硬的线条，可以营造与美化居住环境。布艺是居室创造中不可或缺的基本元素，如图 2-57 所示。

1. 家居布艺常用材质

现代家居布艺中常用的材质分为两类：天然纤维和合成纤维。天然纤维是指利用天然生长的东西为原料加工而成的纤维，包括棉、毛、麻、丝等。合成纤维是

<图 2-57 室内空间布艺搭配

化学纤维中的一大类，采用石油化工工业和炼焦工业中的副产品，如涤纶、锦纶、腈纶等。

2. 布艺经典图案

大马士革花纹：抽象的四方连续图案。大马士革城，不仅因其古老高贵成为人世的天堂，它也是古代丝绸之路的中转站，长期受到东西方文明的碰撞和交汇。当地的民众因对中国传入的格子布花纹的喜爱，在西方宗教艺术的影响下，改革并升华了这种四方连续的设计图案，将其制作得更加繁复、高贵和优雅。印有如此图案的美丽织物被大量出产，并销往古代西班牙、意大利、法国和英国等欧洲各地，很快就风靡于宫廷、皇室、教会等上流社会，自然地被所有人冠以"大马士革"的代称，如图2-58所示。

佩斯利花纹：诞生于古巴比伦，兴盛于波斯和印度，图案源于印度教里的"生命之树"——菩提树叶或者海枣树叶，代表生命与永恒。18世纪中叶，拿破仑在远征埃及途中把带有这种纹样的克什米尔披肩作为纪念品带回法国，随即风靡整个欧洲上流社会，如图2-59所示。

图 2-58　大马士革花纹

◀ 图 2-59　佩斯利花纹

◀ 图 2-60　千鸟格花纹

千鸟格花纹：曾被称作犬牙花纹。温莎公爵是最早穿它的名人，名人效应之后，这种粗花呢图案便成了19世纪、20世纪英国贵族的最爱。而最早让千鸟格登上时尚舞台，并坐上了高尚雅致头把交椅的是克里斯汀·迪奥，1948年迪奥先生将优化组合后的犬牙花纹用在了香水的包装盒上，也给了它一个足以流芳百世的好名字——千鸟格，如图2-60所示。

法国朱伊图案：以人物、动物、植物、器物等构成的田园风光、劳动场景、神话传说、人物事件等连续循环图案。朱伊图案源于18世纪晚期，图案层次分明，单色相的明度变化（蓝、红、绿、米色最为常用），印制在本色棉、麻布上，古朴而浪漫，如图2-61所示。

◁ 图 2-61　法国朱伊图案　　　　　　　　　　　　　　◁ 图 2-62　英国莫里斯花纹

英国莫里斯花纹：19世纪中叶的英国，工业革命时期，以威廉•莫里斯为代表的"新艺术运动"应运而生，最具代表的是棉印织物品，也因此形成了莫里斯图案。这种图案最大的特点在于内容取材自然，藤蔓、花朵、叶子与鸟是最常见的图形，对称的骨骼、舒展柔美的叶子、饱满华美的花朵、灵动的小鸟、密集的构图和雅致的配色，如图2-62所示。

3. 布艺搭配原则

第一，布艺色彩设计。以客厅为例，客厅布艺包括沙发包布、单椅包布、靠包及窗帘。首先根据墙面的颜色，定义主体家具的布艺颜色，多以象牙白、米白、浅灰色的棉麻布为主。其次，定义布艺的点缀色，点缀色多体现在沙发靠包、单椅包布上。最后，根据墙面及点缀色颜色，设计出窗帘的颜色。第二，布艺图案设计。图案搭配原则：将无图案的素布、花纹图案布、几何图案布，三者交替使用，创造出丰富多变又协调统一的艺术效果，如图2-63所示。

五、空间与饰品（陈设品）

1. 画品

画品是居住空间在立面设计上最为常用的饰品。画品设计，需考虑画品的形式、风格、色彩和尺寸。画品的形式、风格和色彩，可根据室内空间的设计风格及色彩而定；画品尺寸由其所在位置的家具尺寸及墙面尺寸决定。

以新中式风格卧室为例，为床头背景墙选择一幅挂画。首先，根据室内风格——新中式，需选择现代表现的中式画。其次，根据卧室现有色彩，确定挂画必有颜色——床头的米白色、靠包的橘色为中式挂画中必有色彩。最后，根据床头及墙面尺寸，确定挂画尺寸。挂画的总宽度，要小于或等于床头总宽度减掉0.6m；挂画的总高度，根据视平线及黄金分割比，计算出最终高度，如图2-64所示。

画品分为五大类，其中包括：实物装裱画、现代中式画、欧式古典人物风景画、现代抽象画、主题挂画。

实物装裱画：指运用实际物品制作的装饰挂画，它的特点是生动且有趣味，如图2-65所示。

现代中式画：包括传统的名人水墨字画及现代抽象的具有中式情怀的装饰画，如图2-66所示。

欧式古典人物风景画：以欧式人物和风景为题材的油画，如图2-67所示。

图 2-63　布艺软装搭配方案

◀ 图 2-64　新中式风格卧室画品

◀ 图 2-65　实物装裱画

◀ 图 2-66　现代中式画

◀ 图 2-67　欧式古典人物风景画

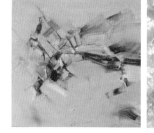

◀ 图 2-68　现代抽象画

　　现代抽象画：用现代的审美设计出的抽象表现画，虽无具体的形式，但寓意深刻，如图2-68所示。

　　主题挂画：根据居住空间主题设计的装饰画，称为主题挂画。例如音乐主题的唱片装饰画、马术主题的用品装饰画、红酒主题的酒塞装饰画等，如图2-69所示。

（a）音乐主题装饰画　　　　　　　　　　　　（b）马术主题装饰画　　　（c）红酒主题装饰画

< 图 2-69　主题挂画

2. 饰品

通过饰品的摆放，创造家居生活氛围，是室内陈设设计的重要表现要素。根据饰品的使用空间不同，可分为三大类，即厨房、卫生间的生活饰品；卧室、衣帽间的家居饰品；客厅、卧室、书房的装饰饰品。

生活饰品：包括厨房、卫生间柜内及台面上的，为了生活使用的饰品，主要有锅碗瓢盆、小件家用电器、调料、洗漱工具、化妆品、洗涤用品等，如图2-70、图2-71所示。

家居饰品：是指卧室、衣帽间内的生活服饰、鞋帽、箱包、手表、首饰等饰品，如图2-72所示。

装饰饰品：客厅、卧室、书房内，用来装饰、美化空间的艺术装饰品。饰品根据风格可划分为中式、新中式、古典欧式、新古典、泰式、印第安、现代、后现代等。根据材质划分可分为金属、不锈钢、木质、陶瓷、玻璃及合成材料等，如图2-73所示。

< 图 2-70　厨房生活饰品　　　　　　　　　　　< 图 2-71　卫生间生活饰品

< 图 2-72　衣帽间家居饰品　　　　　　　　　　< 图 2-73　客厅装饰饰品

3. 花艺

花艺，在居住空间起点睛的作用。根据室内空间风格，确定花艺造型和颜色；根据所摆花艺的位置及家具台面尺寸，确定花艺作品的整体尺寸。花艺风格包括东方风格、西方风格，如图2-74所示。

东方风格插花：使用的花材不求繁多，以梅、兰、竹、菊为主，只需插几枝便可以达到画龙点睛的效果。造型多运用枝条、绿叶来勾线、衬托。形式追求线条构图的完美和变化，崇尚自然、简洁清雅，遵循一定原则，但又不拘于一定形式，如图2-75所示。

西方风格插花：注重几何构图，讲究对称的插法，有雍容华贵之态。常见形式有半球形、椭圆形、金字塔形和扇形，力求用浓重艳丽的色彩营造出热烈、豪华、富贵的气氛，如图2-76所示。

❮ 图 2-74　新中式客厅花艺　　　　❮ 图 2-75　东方风格插花　　❮ 图 2-76　西方风格插花

第二节　人体工程学在居住空间室内设计中的应用

一、人体工程学定义

人体工程学(Human Engineering)，也称人类工程学、人体工学、人间工学或工效学(Ergonomics)。工效学Ergonomics一词出自希腊文"Ergo"即"工作、劳动"和"nomos"即"规律、效果"，主要探讨人们劳动、工作效果、效能的规律性。人体工程学是由6门分支学科组成，即人体测量学、生物力学、劳动生理学、环境生理学、工程心理学、时间与工作研究学。人体工程学诞生于第二次世界大战之后。

二、人体尺寸

1. 静态尺寸

指静态下的人体尺寸，它是人处于一个固定、静止状态下的标准测量尺寸，通常对人体的多个部位进行不同测量，如人的身高、手臂的长度、腿的长度、内外膝关节的高度、坐高等，如图2-77、图2-78所示。

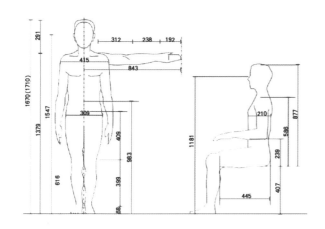

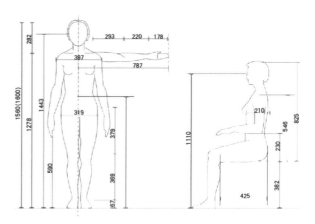

< 图 2-77 我国成年男子人体尺寸数据（平均值，单位：mm）　　< 图 2-78 我国成年女子人体尺寸数据（平均值，单位：mm）

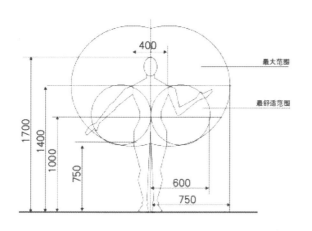

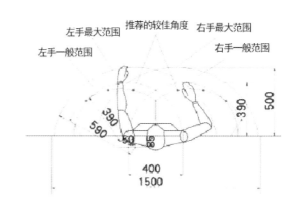

< 图 2-79 立面作业范围（平均值，单位：mm）　　　　　< 图 2-80 平面作业范围（平均值，单位：mm）

2. 动态尺寸

指人在进行某种功能活动时，通过人体的多部位的关节、肌肉的伸屈、转动、推拉与人的肢体协调，共同完成功能活动所产生的范围尺寸。在多数情况下，人都处于一种活动的形态，因此，物体的大小、高低、尺寸等设计都应该充分地考虑到人体活动的因素，才能使人的活动发挥到最大的功效，如图2-79、图2-80所示。

三、人体工程学在居住空间室内设计中的应用

1. 起居室常用人体尺寸

起居室是居室空间室内设计中的核心空间，它是家庭成员相聚、交流以及接待客人的"公共活动"空间，其空间相对较大，由于它具有家庭的"公共活动"的功能，使用者的数量相对较多，活动所需要的范围也较大，所以一般在布置围合沙发与视听墙形成的中心空间时，沙发尽量靠墙，以便留出更多的空间供人活动，同时能使坐在沙发上的人与视听墙之间保持合理的距离以享受到适宜的视听效果，如图2-81～图2-83所示。

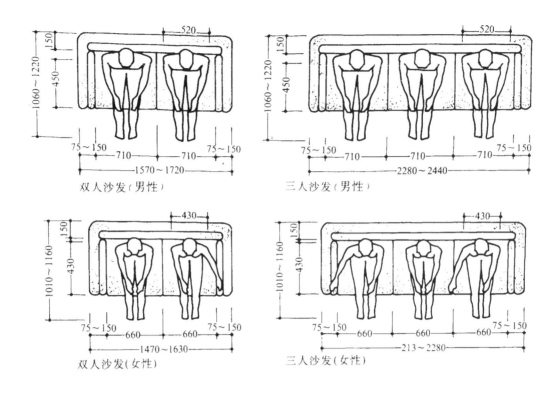

双人沙发(男性)　三人沙发(男性)

双人沙发(女性)　三人沙发(女性)

◀图 2-81　沙发和人体尺寸关系图（单位：mm）

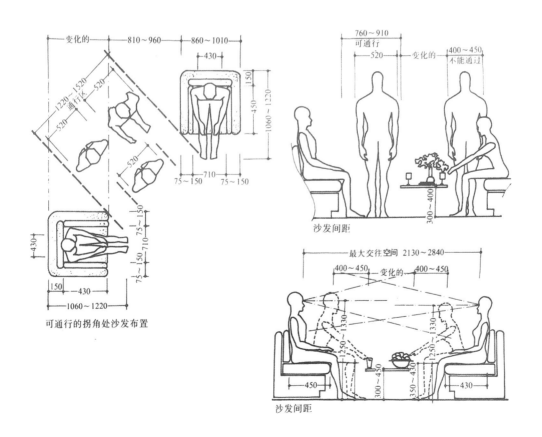

可通行的拐角处沙发布置

沙发间距

沙发间距

◀图 2-82　沙发间距图（单位：mm）

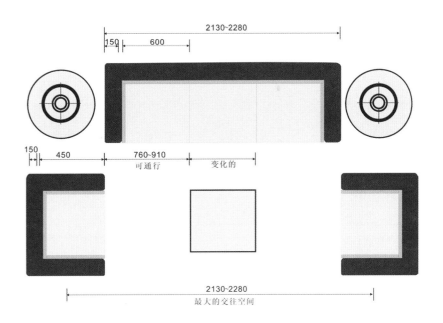

◀ 图 2-83　起居室家具之间的布置尺寸（单位：mm）

2. 餐厅常用人体尺寸

餐厅的餐桌大小和餐椅数量，要以餐厅区域的空间大小和常进餐的人数为依据，要充分满足人们进餐便捷、就座宽松的要求。特别是餐桌的大小、高低尺寸要与餐椅的高矮、尺寸相匹配，以符合人体的尺度要求，如图 2-84 ～图 2-87 所示。

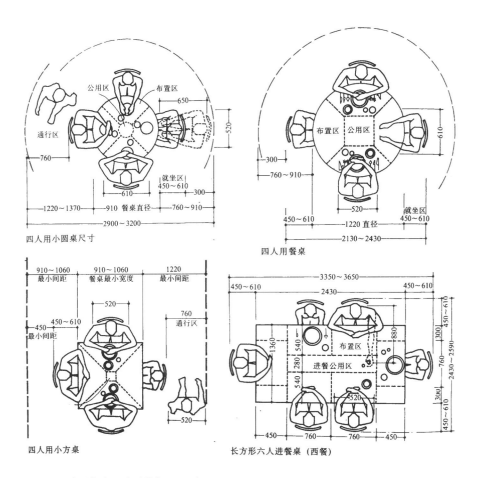

◀ 图 2-84　常用餐桌尺寸（单位：mm）

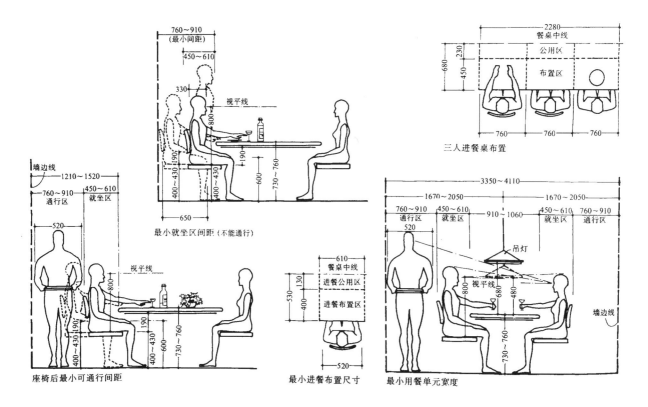

❮ 图 2-85　常用餐桌尺寸与人体尺寸关系图（单位：mm）

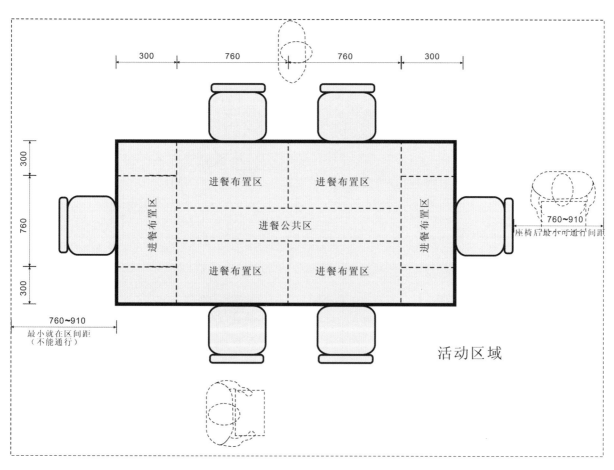

❮ 图 2-86　餐桌尺寸、人体尺寸和空间尺寸关系图（单位：mm）

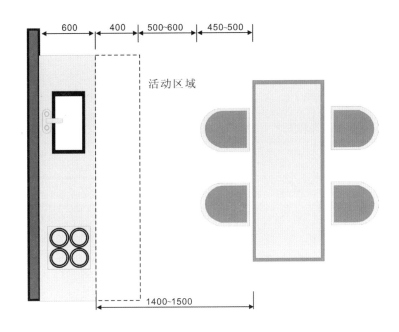

◀图 2-87　餐桌离橱柜的距离（单位：mm）

3. 卧室常用人体尺寸

卧室的设置需要满足睡眠、储藏等功能，需要预留出所需的家具和使用这些家具需要的空间，如图 2-88 ～图 2-92 所示。

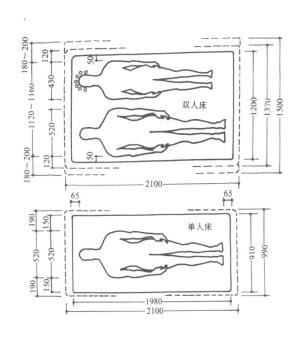

◀图 2-88　单人床和双人床尺寸（单位：mm）

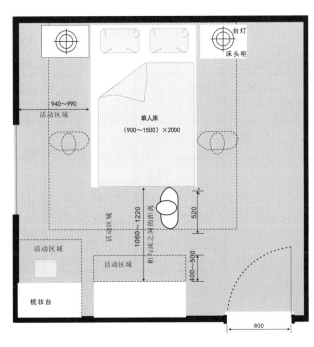

◀图 2-89　单人卧室活动区域尺寸（单位：mm）

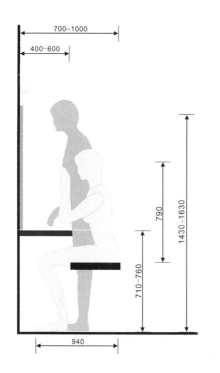

< 图 2-90 梳妆台尺寸（单位：mm）

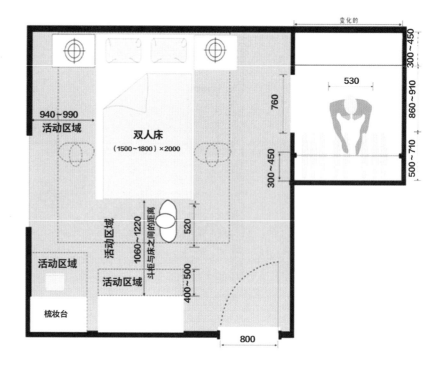

< 图 2-91 双人卧室活动区域尺寸（单位：mm）

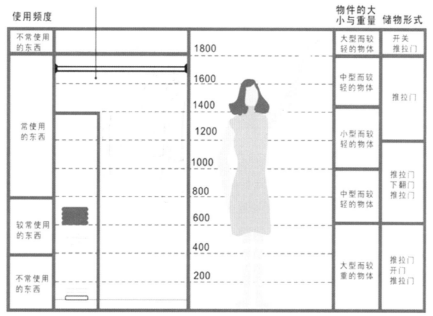

< 图 2-92 衣帽间储藏、活动尺寸图（单位：mm）

4. 厨房常用人体尺寸

在厨房的家具尺度的设计上，应考虑使用者的人体尺寸为主要依据，特别是在厨房吊柜高度与底柜的操作台面的尺寸上应该注意。需要强调的是，厨房的家具和设施的设置只有符合人体的动作习惯和操作流程（洗涤、调理和烹饪），才能顺手、便捷，从而达到提高工作效率的目的，如图2-93～图2-96所示。

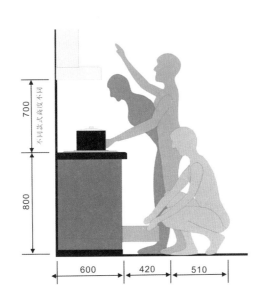

◀ 图2-93 油烟机悬挂尺寸（单位：mm）

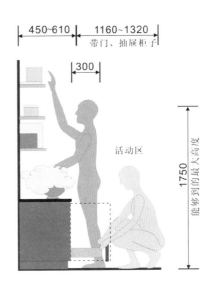

◀ 图2-94 靠墙的橱柜安装尺寸（单位：mm）

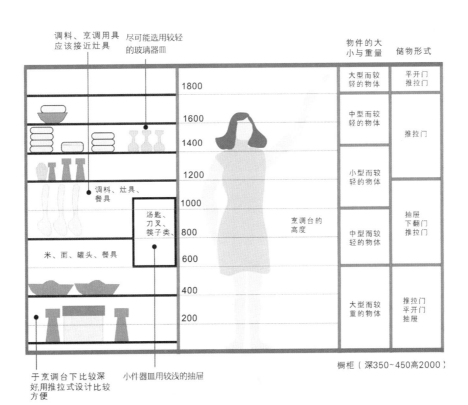

◀ 图2-95 厨房存储设置（单位：mm）

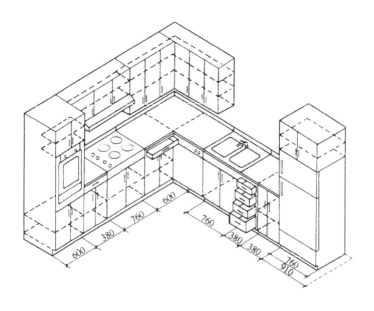

< 图 2-96　整体橱柜尺寸（单位：mm）

5. 卫生间常用人体尺寸

　　卫生间的基本尺寸由几个方面原因决定，主要考虑施工的条件、设备的尺寸、人体活动需要空间及生活习惯等因素，如图2-97～图2-99所示。

本章训练课题

　　① 设计一组新中式风格的布艺、饰品、挂画搭配方案。

　　② 列举出20种常用家具尺寸。

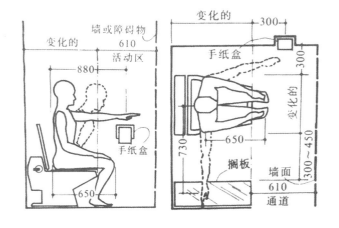

< 图 2-97　坐便区域最小净面积尺寸（单位：mm）

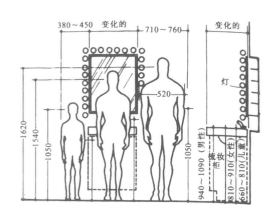

< 图 2-98　洗脸盆尺寸（单位：mm）

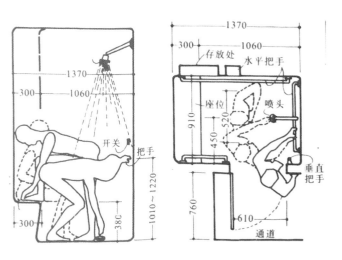

< 图 2-99　淋浴区尺寸（单位：mm）

第三章

居住空间的功能分区设计

第一节 **居室公共生活区域**

一、玄关

（一）玄关的概念

玄关的概念源于中国，最早出自道德经的"玄之又玄，众妙之门"。原指佛教的入道之门，是中国道教内炼中的一个突破关口。后来用在室内建筑名称上，意指通过此过道才算进入正室，玄关之意由此而来。

玄关过去是指中式民宅推门而见的"影壁"或称"照壁"，就是现代家居中玄关的前身。中国传统文化重视礼仪，讲究含蓄内敛，有一种"藏"的精神。如果体现在住宅文化上，"影壁"就是一个生动写照，不但使外人不能直接看到宅内人的活动，而且通过影壁在门前形成了一个过渡性的空间为来客指引了方向，也给主人一种领域感，如图3-1所示。

玄关现在泛指厅堂的外门，也就是居室入口的一个区域，指住宅室内与室外之间的一个过渡空间，就是进入室内换鞋、更衣或从室内去室外的缓冲空间，也有人把它叫做斗室、过厅、门厅。在住宅中玄关虽然面积不大，但使用频率较高，是进出住宅的必经之处，如图3-2所示。

◀ 图 3-1　中式影壁

◀ 图 3-2　现代玄关设计（于卓鑫）

（二）玄关的设计方法

好的玄关设计既能保持主人的私密性，为家居带来极强的装饰作用，同时还有很强的功能性，比如更衣、换鞋、挂帽等。因此玄关设计的方式也多种多样。

1. 私密性与过渡性

玄关是入门处的一块视觉屏障，避免外人一进门就对整个居室一览无余。同时，也是家人进出门时停留的回旋空间。因此，玄关的设计应充分考虑室内私密性与整体空间的呼应关系，使玄关与客厅区域有很好的结合性和过渡性。应让人有足够的活动空间，并且打造隔而未隔、界而未界的半通透关系，起到分割大空间的同时又能保持大空间的完整性的作用。设计时可以以大屏玻璃、格栅围屏或者储藏隔断式的柜体作为装饰，限定空间、满足收纳，并且能很好地构成空间私密性。它可以是一个封闭、半封闭或全开放的空间，与厅的关系是连而不直达、隔而不断，并且要充分考虑与整体空间的呼应关系。如图3-3所示。

2. 功能性

玄关通常与客厅或餐厅相连，但与厅的功能还有区别，所以要通过装饰设计进行功能分区。玄关应充分考虑到其设置的基本功能性，如换鞋、放伞、放置随身小物件等，有些纯属观赏性的玄关除外。一般玄关空间不大，家具的摆放应该不妨碍出入，又能发挥功能。通常情况下，低柜和坐凳比较适宜。因为低柜属于集纳型家

◀ 图 3-3　玄关设计（于卓鑫）

具，可以放鞋、杂物等，并且不会占用太大空间；坐凳可辅助中老年人或者不方便的人群进行换鞋。设计时主要采用的方法是利用吊顶、墙面装饰、地面的材料和色彩等区分，或用门套、挂落、屏风、柜子等隔断，设计收纳空间，满足功能需求，如图3-4～图3-7所示。

3. 装饰性

玄关是进入居室的第一场所，应是整个家居空间中极具品位的地方之一，应力求突出表现。玄关隔断设计的重点往往在它的"主看面"，即开门入室第一眼看到的地方。玄关的设计应以简洁、明快的手法来体现一个家居的特征。在设计时，设计师通常在这里造出个性化、风格化的空间特色，体现文化内涵，烘托艺术氛围。

◀ 图3-4　玄关设计1（赵芯露）

◀ 图3-6　玄关收纳设计（张建宁）

◀ 图3-7　玄关设计（吕亮）

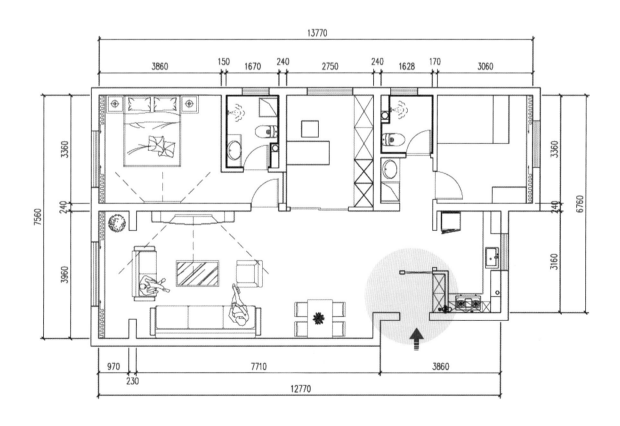
◀ 图3-5　玄关设计2（赵芯露，单位：mm）

<＜ 图 3-8　玄关装饰（伍迪）　　　　＜ 图 3-9　玄关的灯光设计（于卓鑫）

在颜色上，玄关一般以清爽的中性偏暖色为主，很多人喜欢用白色作为门厅的颜色，其实在墙壁上加一些点缀的颜色，如橙色、绿色等，与室外有所区别，也会使整体家居明亮宜人。

在灯光设计方面，通常玄关区域自然采光较少，所以玄关要有足够的人工照明。玄关内可以使用的灯具以荧光灯、吸顶灯、壁灯为主，在保证玄关亮度的同时，还能使空间显得高雅，如图 3-8、图 3-9 所示。

二、起居室

在国外，起居室是指卧室旁边的一个类似于客厅的房间，用来供居住者会客、娱乐、团聚等家人集中活动的空间，会设置音箱、电视等发声设备。起居室不同于客厅，客厅接待的是外客，而起居室则更小更为私密，它一般不对生客开放。

现在国内并不流行起居室的叫法，因为通常情况下，我国普通住宅的面积较小，很少能容下多个公共空间。所以，一般住宅是把客厅和起居室合并在一起，统称为"客厅"。

作为公共空间的客厅，它的意义不仅在于有可能要与多人相处，更重要的是这是一个集各种生活设施于一体的活动场所。不同的设施既要在功能上互相关联，也要在布局上尽量符合区域划分的原则，即在视觉上做到相互独立，目的是要尽可能地把本来要延伸至其他独立空间的居室功能浓缩成一个整体。

（一）客厅的功能

客厅的使用功能很多，会客、娱乐、学习、游戏、观影、交流等。这些功能区的划分是与居室中其他功能空间相区别的。如果居室有独立的就餐空间，客厅一般划分为社交娱乐区和学习区；如果居室没有独立的就餐空间，客厅一般划分为就餐区、社交娱乐区和学习区。就餐区应靠近厨房且尽量少用或不用隔断；社交娱乐区则要通道顺畅、简洁、宽敞明亮且具备通透感；学习区靠近客厅一角且大小适宜。尽管没有明显的区域分隔界定，但客厅在整体布局上要合理，如图 3-10、图 3-11 所示。

< 图 3-10 客厅设计 1（李朋霏）

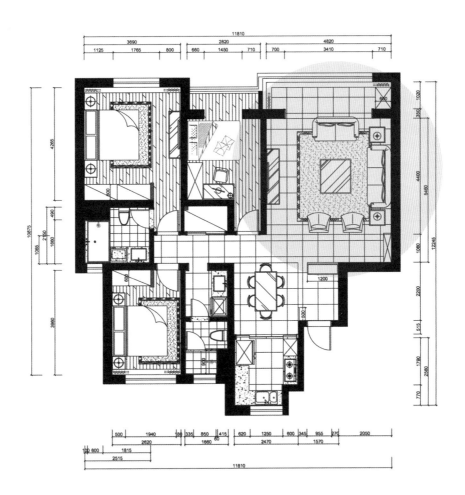

< 图 3-11 客厅设计 2（李朋霏，单位：mm）

（二）客厅家具的布局

客厅中的家具布置以宽敞为原则，最重要的是体现舒适的感觉。客厅的家具一般不宜太多，根据其空间大小，通常考虑沙发、茶几、椅子及视听设备等。客厅沙发的布置较为讲究，主要有对面式、"一"字式、"L"式及"U"式四种。

1. 对面式

对于大户型的房子，客厅稍显空旷，那么选择两个体积相对较大的沙发相对摆放，整个客厅尽显大气档次。这种摆放方式特别适合接待客人。对面式的摆设使聊天的主人和客人之间容易产生自然而亲切的气氛，但不适于在客厅设立视听设施。

2. "一"字式

在客厅里将沙发沿着一侧墙面简单地呈"一"字形排开，对面放置茶几、电视。"一"字形摆放可以节省空间，比较适合小户型空间的狭长型小客厅。这种客厅的布局方式比较适合用于两人世界的户型，如图3-12所示。

3. "L"式

"L"形转角沙发区一般适合较为时尚的家居设计，而且也可以让空间得到充分利用。多个或单个沙发组合成的"转角式"具有可移动性和可变更性，可根据需要变换布局，让客厅永远充满新鲜感。但也要注意可移动家具的固定，以免坐卧时发生位移，如图3-13所示。

4. "U"式

"U"式摆放的沙发，往往占用的空间比较大，所以使用的舒适度也相对较高，特别适合人口比较多的家庭。"U"式布局一般是三人沙发、双人沙发和两个单人沙发的组合，一家人围坐在一起，交流起来十分方便，是比较常见的客厅摆放方式。沙发自身具有隐形隔断的作用，无形之中将客厅的边界划分出来，围合出一定的空间，会形成一种相互呼应的格局。在风水学上看，"U"形的凹陷处便是风水的纳气位，能藏风聚气，有聚财之说，所以"U"式的摆放形状较受欢迎，如图3-14所示。

❮ 图3-12 "一"字式（伍迪）　　❮ 图3-13 "L"式

< 图 3-14　"U"式（张建宁）

（三）客厅立面墙设计

客厅立面整体造型规划需发挥个性思维，根据业主的装修风格搭配独具匠心的墙面效果。在设计中，可以根据电视机的尺寸和整体的空间大小来衡量墙面分割尺寸。同时，电视机的位置也与室内的陈设相关，因此要先确定好家具的安放地点以及尺寸，再来确定背景墙的位置及大小。

在整体墙面规划中也要设计收纳单元，满足日常生活需要，还要避免尖角、突出棱角和无意义的凌乱分割，避免影响日常的生活，如图3-15、图3-16所示。

< 图 3-15　客厅立面墙设计 1（王向驰）　　　< 图 3-16　客厅立面墙设计 2（王向驰）

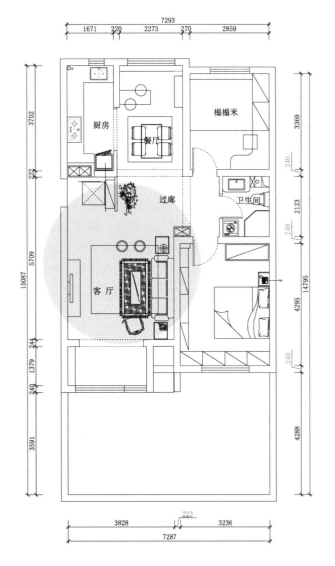

（四）客厅的色彩

向南的客厅有充足的日照，可采用偏冷的色调；朝北的客厅可以用偏暖的色调。客厅的色调主要是通过地面、墙面和顶面装饰来体现的，装饰品、家具等起调剂、补充和点缀的作用。

一般来说，在客厅分区中，学习区光线透亮，采用较冷色，可以减弱学习疲劳；就餐区采用暖色，使家人或亲友相聚增加温馨感；而社交娱乐区既要有不变的基调，也可点缀跳跃的色彩形成活泼感，如图 3-17、图 3-18 所示。

（五）材料搭配

客厅地面可以选用木地板或者地砖。木材具有自然的纹理，冬暖夏凉，铺装容易；地砖花色众多，清洁方便，导热性好。另外，在石材、地砖或木地板地面之上加上地毯是装饰设计中常用的做法，尤其在客厅的休息区内，但需要定期用吸尘器处理。

客厅墙面可以使用乳胶漆，墙纸、硅藻泥也是很好的选择。主墙面的装饰设计也常会用到木材、文化石、金属、玻璃等材质，甚至有外墙面砖等，材料可以不拘一格。客厅若不做吊顶，顶棚可用乳胶漆刷涂、滚涂或喷涂，或贴顶纸。若高度允许吊顶，可以采用的吊顶材料有石膏板、矿棉吸声板等，辅材有木材、装饰玻璃等，如图 3-19、图 3-20 所示。

◀ 图 3-19　客厅设计（伍迪）　　　　　　◀ 图 3-20　客厅设计（吕亮）

三、餐厅

餐厅是家居环境中使用率较高的场所之一，是家人团聚、用餐、娱乐的理想空间。现代餐厅不仅要承担舒适、轻松就餐环境的基本任务，也是客厅与厨房之间的过渡和衔接，同时还要追求更高的审美和艺术价值。

（一）餐厅的布局

1. 独立式餐厅

如果空间允许，单独做一个餐厅空间是最理想的。独立式餐厅空间的要求是便捷卫生、安静舒适。餐厅位置应靠近厨房，餐桌、椅、柜的尺度与布置须与餐厅的空间体量相适宜。如方形和圆形的餐厅，可配套选用方形或圆形餐桌，居中放置，动线也要符合使用者的运动规律，如图3-21所示。

2. 通透式餐厅

所谓"通透"，是指厨房与餐厅合并，同处一个空间但各自有各自的区域。这种情况就餐时上菜快速简便，能充分利用空间，较为实用。只是需要注意不能使厨房的烹饪活动受到干扰，也不能破坏进餐的气氛。最好要使厨房和餐厅有自然的隔断或使餐桌布置远离厨具，可以采用不同的吊顶形式区分空间，或者采用不同的颜色或质感的地砖加以分隔，或者区分餐桌上方的照明灯具与照明方式，突出一种隐形的分隔感，如图3-22所示。

◀ 图 3-21　独立式餐厅（张建宁）　　　　◀ 图 3-22　通透式餐厅（于卓鑫）

3. 共用式餐厅

共用式餐厅较多出现在小户型住房中，采用客厅、门厅或厨房兼做餐厅的形式。在这种格局下，就餐区的位置以邻接厨房并靠近客厅最为适当，它可以缩短膳食供应和就座进餐的走动线路，同时也可避免菜汤、食物弄脏地板。餐厅与客厅之间可灵活处理，如用壁式家具做闭合式分隔，用屏风、镂空隔断做半开放式的分隔。但需要注意与客厅在格调上保持协调统一，并且不妨碍通行，如图3-23、图3-24所示。

< 图3-23 共用式餐厅1（张建宁）

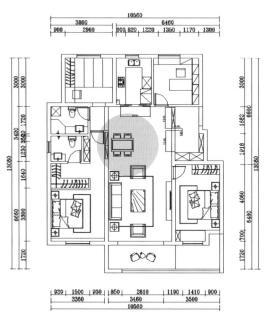

< 图3-24 共用式餐厅2（张建宁，单位：mm）

（二）餐厅的设计方法

1. 顶面

餐厅的顶面设计应给人以素雅、洁净之感，如与墙面一体化装饰，或者简单吊顶，并用灯具作衬托。有时适当降低吊顶，可给人以亲切感。顶面与地面设计在形状上可以上下呼应，营造一种围合的气氛，如图3-25、图3-26所示。

2. 墙面

餐厅设计时，可以将一面主墙面进行特色装饰，齐腰位置考虑用些耐磨的材料，选择一些局部护墙处理，防止弄脏墙面。墙面装饰及颜色宜选用能营造出清新、优雅氛围的色系，点缀橙、黄等颜色以增加就餐者的食欲，给人以宽敞舒服之感，如图3-27、图3-28所示。

3. 地面

餐厅不宜选用地毯等不易清洁的材料，可选用表面光洁且易清洁的材料，如大理石、地砖、地板等。地面可以拼花或者采用与其他区域材质质感不同的地砖加以区分，营造无形的领域感。不宜做过度高差变化，以保证安全。

< 图 3-25　餐厅设计 1（崔哲）

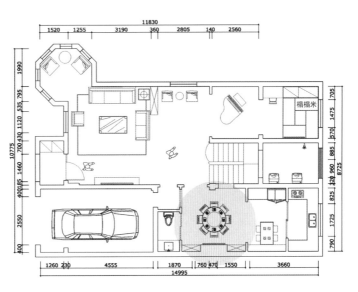

< 图 3-26　餐厅设计 2（崔哲，单位：mm）

< 图 3-27　餐厅设计 1（吕亮）

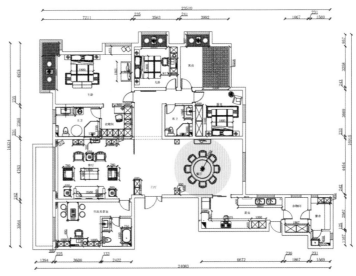

< 图 3-28　餐厅设计 2（吕亮，单位：mm）

4. 家具

餐厅家具最重要的就是桌椅组合，方型、圆型、折叠型、不规则型等不同的桌椅造型以及不同风格、颜色、质感，给人的感受也不同。设计时应选用适合整体家居风格的餐桌椅。一般四人圆桌直径0.9m，方桌边长 1m。餐椅坐面尽量选用软包以增加舒适性，如图3-29、图3-30所示。

5. 灯具

餐厅空间的主照明应在餐桌正上方。灯具造型适合整体家居风格，不要繁琐，但要有足够的亮度。辅助照明可以采用射灯，突出显示装饰墙面肌理感或者装饰品特色，营造温暖就餐氛围，打造个性品位空间，如图3-31所示。

◁ 图 3-29　餐厅设计 1（王巍）

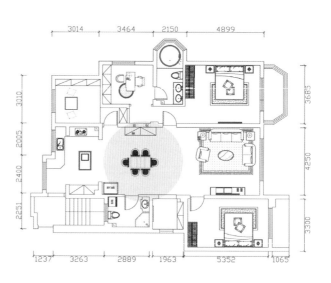

◁ 图 3-30　餐厅设计 2（王巍，单位：mm）

◁ 图 3-31　餐厅设计（张建宁）

6. 装饰

字画、壁挂、特殊装饰物品等可根据餐厅的具体情况灵活安排，用以点缀环境，但要注意不可过多而喧宾夺主，让餐厅显得杂乱无章。

四、茗茶室

茗茶室是都市中追求生活品质的人们休闲放松、修身养性的场所。在现代居室中，无论是开放式还是围合的空间，无论面积是大是小，打造一间属于自己的茗茶室是不错的选择。

（一）空间选择

在设计中，既可以用一个完整的房间来打造专门的茗茶室，也可以考虑更灵活的空间处理方法。比如，可以将书房隔出一小块空间专门用来品茶读书；也可以利用飘窗或阳台打造临窗茶室；甚至可以将客厅、茶室、客房三合一。总之，茶室要根据空间的大小和实际情况灵活设计，尽量做到与整体装修风格保持一致，讲求以亲切的情感去注视自然、接触自然、融入自然，表现一种平淡、纯粹和含蓄的生活境界，如图3-32、图3-33所示。

◁ 图 3-32　茗茶室设计 1（于卓鑫）　　　　　　　　◁ 图 3-33　茗茶室设计 2（于卓鑫）

（二）材质选择

一般情况下，普通的茗茶室都以自然休闲为主，多利用原木、胡桃木本色或者石材类的材质，或者点缀小的水景或流水装置，更加自然舒适。在材质选择上往往以自然实木、竹、麻、稻草等为主要材料，尤其是榻榻米的稻草材质使其不同于传统地面，随着纹理方向的不同，在阳光的照射下也会反射出深浅渐进的视觉效果。在实木的选择上，可以选择不结疤的云杉、樟子松等轻质木材，以整齐的纹理凸现出室内装饰的精致。

（三）风格选择

1．传统中式

传统的中式家居装饰讲究对称，大方稳重，其色彩运用以沉稳的颜色为主，如花梨木、檀木等；注重细节勾勒，如雕刻着花鸟虫鱼的窗花；具有吉祥、如意、长寿寓意的图形图案组合，如中国结、太极鱼等。选用红木、花梨等木料的家具能从细节处流露茶文化的精髓，配上同系列的炕

< 图 3-34　茗茶室设计 1（王向驰）　　　　< 图 3-35　茗茶室设计 2（王向驰）

几、茶盘、桌椅等，并辅以宫灯、盆景等摆设，彰显中式古典茶室的和谐大气，如图 3-34、图 3-35 所示。

< 图 3-36　和风茶室设计（于卓鑫）

2. 简约和式

和风茶室不仅格调清雅，并且功能性很强。以一个空明的房间，铺设实木地板，再配上原木矮桌和舒适的坐垫，辅以悬挂的书画、红木托盘中的全套茶具，显得简洁大方、线条流畅。大部分的和式茶室选用日式榻榻米和升降台的组合。榻榻米地面架高，不但节省了原本放柜子的空间，增大了视觉开阔度，更是具有储物的实用功能。材质上可以选取障子纸、福斯玛纸这类不同于传统玻璃的材质，不仅环保而且质感很好，易于清洁，再点缀些格调雅致的山水图案，呈现沁人心脾清新之感，如图 3-36 所示。

3. 休闲田园

田园风格的茶室朴素、自然，使人摆脱浮华喧嚣的都市，重新回归大自然。家具上多选择竹制或藤制，还可以选用天然原木、树桩等，田园气息自然显现。茗茶室面积不需要太大，设计在客厅或阳台一角，布置上天然质朴的家具，选一张有古典韵味又充满趣味的茶几，摆上茂盛的绿植，点缀几件精致的茶具，呈现一个田园风十足的茗茶室。

五、家庭影音室

家庭影音室设计是把电声设备与建筑学相结合，通过技术手段将材料与设备充分融入到整个装修过程中，最后真实还原影音设备所要表现的声音与图像。

要设计好专业的影音视听室，在掌握一定的美学设计效果之后还必须要有一个良好的声学特性，如混响时间、谱振模态、声染状态、声场均匀度等。这些标准与房间的三维尺寸和墙体、地板、天花等界面材料质地以及音箱的摆位都紧密相关。好的设计既能满足视听室隔声和声学特性，还能彰显装修质感与个性效果，如图 3-37、图 3-38 所示。

◀ 图 3-37　影音室设计 1　　　　　　　　　◀ 图 3-38　影音室设计 2

（一）声学处理

1. 隔声

隔声的目的就是尽量减少视听室与其他房间之间的声音传输，尽量减少驻波的形成以及其他不必要的声音反射，以提高观看电影时的体验感，并减少对相邻空间的影响，让每一个观众都拥有愉快的观影经历。因此，设计时需确保房间有足够高的信噪比，可采用房中房的结构来进行隔声，就是在房间中再造一个房间，目的就是为了让房间与可以传导声音和振动的原墙相隔开。

2. 吸收

对房间的声学处理，重点在侧墙和天花板。要合理地选用吸声材料，例如地毯、挂帘、壁毯等主要对中、高频有吸收作用，但对低频的吸声作用很小。专业吸声处理上，常用龙骨、石膏板、高分子塑料以及毛毡等吸声材料。

侧墙加装处理通常的方法是在原有墙体的基础上做空腔隔声，可以先在墙壁上打上轻钢龙骨或木龙骨，然后在龙骨的外面安装两层石膏板或吸声板，再在石膏板或吸声板中间添加一层隔声毡。想要好的效果，需要在龙骨的空腔内填充吸声棉、隔声棉，外面再添加一些装饰，但是会导致空间面积减少。选择声音吸收材料时，尽量采用玻璃纤维等较为耐用和防潮的材料，并确保这些材料具有很好的阻燃性，在安装后可适当地采用透声的布进行覆盖。

3. 扩散

房间的扩散特性好，则声音的衰减平滑，室内各处声音感觉均匀。任何凸面都有扩散声波的能力，包括斜面、曲面以及凸弧面，当需要扩散声波频率但受制于凸面大小时，可采用扩散板进行处理。在影音室中安装扩散材料并且进行混响测试的时候，必须确保房间中没有特殊硬反射的材料存在，如玻璃、金属板等。

针对低频在房间中的泛滥以及不正确设置的问题，设计师都会在影音室中安装低频陷阱。低频陷阱最主要的作用就是处理房间中因低频反射而出现的不良效果。由于低频驻波通常会在四个墙角聚焦，因此低频陷阱放置在墙角效果最好，可以一直延伸至天花顶部，可优先放置在扬声器后方的墙角上。

4. 降噪

噪声存在于多种场合，影音空间更需要良好的隔声降噪以及高保真的声场来营造音响带来的震撼。因此在影音室设计过程中，墙壁不宜过于光滑，可选用壁纸、文化石等装修材料，将墙壁表面弄得粗糙一些，使声波产生多次折射，从而削弱噪声。同时也应多放置家具，家具过少会使声音在室内共鸣回旋，增加噪声。木质家具有纤维多孔性的特征，能吸收噪声。布艺装饰品也有不错的吸声效果，如窗帘、地毯等，其中以窗帘的隔声作用最为明显，既能吸声又有很好的装饰效果。

（二）灯光效果设计

在家庭影音室中布置的灯光照明系统，其实可以归纳为气氛照明的范畴。气氛照明主要用于营造舒适的氛围，可以选用不同高度的灯具。比如，低矮的落地灯、彩色灯罩的台灯、漂亮的ＬＥＤ背景灯等；或者在天花板上加入星空效果，营造夜晚浪漫的气氛等。

良好的灯光效果除了可以突出视听室的重点外，还可以让声学材料以及视听室中摆放的各种物品起到隐藏和突出的作用。例如在天花板的吸声和扩散板上加入星空效果，就可以让人感觉不到那是一个声学设计；使用射灯照射墙壁上的电影海报，就可以突出整个房间的主题，从而让人更好地投入到电影中去，让人恍如置身于电影院之中。

除了造型灯以外，普通照明也是影音室所必需的。普通照明的作用是为整间房间提供均匀的光线，用来确定整体基调，把功能和气氛照明融合起来。设计时可以把气氛照明与普通照明的灯具分开处理，可以选择能够调节亮度的照明，还可以利用灯光扩张空间。

（三）灯光智能设计

家庭影音室中，除了智能影院设备以外，灯光系统也逐步走向智能控制、节能的领域中。智能照明控制系统能对家中的灯具进行智能调光和开关，让视听环境更具氛围。灯光的智能控制还可以结合到不同的照明场景模式中，例如影院模式、温馨模式、游戏模式、阅读模式等，让多用途的影音室可以产生不同的环境气氛。在实际使用时可以通过主题模式和预先设置的功能来达到设计效果，例如通过遥控器按键启动一个灯光主题，这是一种通过不同组灯光的明暗变化而营造不同效果以表现各种家居氛围的方式，在现代家庭影院系统中，灯光的智能化渐渐成为设计的重点。

六、家庭娱乐、健身室

随着人们对生活品质要求的逐渐提高，对居室功能的要求也越来越明确。在美国，每个家庭都有一个共同的娱乐中心，叫作 family room，也就是家庭娱乐中心，可以打桌球、看电视、听音乐、读书、上网、制作手工艺品等，适合招待亲戚、熟客。

国内很多住宅空间现在也开辟了自己的家庭娱乐室，它的功能和位置多种多样，可以依照户型的特点以及主人的性格偏好形成鲜明的风格，起到不同的装饰效果。设计时，需要和家庭成员一起商讨一下他们想在其中进行什么活动，了解如何使用这些空间以确定房间大小是否适合，计划好家具、器材、设施以及收纳空间的位置和摆放方式。

◄图 3-39 台球室设计

1. 桌球桌游区

考虑到家庭成员的爱好，比如桌球和桌游等，可以在居住空间中设计桌球桌游区，不但有益身心健康，也能丰富家居生活，还是培养孩子综合能力的好场所。家具样式也推陈出新，比如餐桌和桌球桌二合一的综合款桌子，可以在餐桌和桌球桌之间随意变换，更方便利用空间场地。在设计时注意球桌尺寸及占地面积（见表3-1），周围预留出活动的空间，如图3-39所示。

表 3-1 台球桌相关尺寸

类型	名称	尺寸
国际标准	国际标准美式桌球台	2840 mm×1560 mm×840 mm
	国际标准花式撞球台	2520 mm×1400 mm×800 mm
	斯诺克台球桌	3820 mm×2035 mm×850 mm
	美式落袋台球桌	2810 mm×1530 mm×850 mm
	花式九球台球桌	2850 mm×1580 mm×850 mm
普通台球厅	8尺：小台 (黑八)	2620 mm×1450 mm(有的稍小 30 mm)
	9尺：标台 (黑八)	2860 mm×1560 mm(有的稍小 30 mm)
	12尺：斯诺克赛台	3850 mm×2060 mm(有的稍小 30～50 mm)
球杆	球杆长度	1450 mm

2. 儿童娱乐区

随着越来越多的家庭选择生育二孩，孩子的成长显得尤为重要。既要培养他们的各种技能，也要让他们在轻松愉悦的环境中成长。因此儿童娱乐空间也可以设计的多种多样。比如简单地摆放一个长桌，让孩子请他的朋友来一起动手画画、做手工；也可以摆放些儿童娱乐设施，木马、小帐篷、黑板墙等，这些都可以使孩子在玩耍中感到快乐。在设计中要注意儿童家具及玩具的安全性、实用性以及对于儿童的适合程度等，如图3-40、图3-41所示。

‹ 图 3-40　儿童娱乐室设计 1

‹ 图 3-41　儿童娱乐室设计 2

< 图 3-42 棋牌室设计 1 　　　　　　　　　　　　　　< 图 3-43 棋牌室设计 2

3. 棋牌区

中国传统聚会模式是逢年过节，亲戚们凑在一起喜欢打打扑克、麻将，设置一个多功能家庭牌桌，轻松解决逢年过节的全家聚会的娱乐问题。在设计时，尽量注意棋牌室要隔声，可选取布艺、软包等进行装饰，少用石材，如图 3-42、图 3-43 所示。

4. 健身区

随着生活工作压力越来越大，人们越来越注重身体健康，在居住空间中更多人选择设立健身区域。健身区域的位置不局限于规则的空间场地，楼梯下、阁楼上、过道走廊等空间都可以充分利用。根据区域大小布置合适的健身器材，如跑步机、动感单车，甚至简单的瑜伽垫、哑铃等。不过，在设计中一定要注意使用的安全性、健身器材的收纳、休息区的配置等，如图 3-44、图 3-45 所示。

< 图 3-44 健身区设计 　　　　　　　　　　　　　　< 图 3-45 健身区设计（崔哲）

第二节 居室私人生活区域

一、主卧室

卧室是睡眠、休息、存放衣物的主要场所，是家居空间中最温馨的地方，也是居室中最个人化的空间。因此卧室设计中要求掌握卧室的功能、分区，使得卧室成为休息放松的最佳场所。

（一）卧室的功能分区

1. 睡眠区

睡眠区里较为重要的家具包括床，其次还有床头柜、床头灯等。睡眠区灯光不宜强烈，可选用不同功能的点光源，如：床头灯、地灯等，在不同时启用的情况下，使得光线柔和，更显得分外宁静。睡眠区的地面铺以柔感较好的地毯，墙面贴上壁纸，既能保持清洁，又能起到吸声的作用。色彩不宜过分强烈，至于使用冷色、暖色，可根据个人的爱好及季节情况而定。睡眠区设计应重视对床头及床头背景的处理，比如经过软包处理的床头既舒适又美观，床头后面可用灯光、绘画、壁毯等作背景，以突出个性，形成睡眠区的视觉中心，如图3-46～图3-48所示。

2. 储藏区

主卧室的贮藏物多以衣物、被褥为主，一般嵌入式的壁柜家具较为理想，这样有利于增强卧室贮藏功能，亦可根据实际需求，设置容量和功能较为完善的其他形式的贮藏家具。衣柜的层板和层板间距在400～600mm，太小和太大都不利于放置衣物；衣柜深度在530～620mm，宽度一般在600mm；短衣、套装最低要有800mm的高度，长大衣不能低于1300mm的高度，否则会拖到柜底；如果做滑门，要在滑门的位置留75～80mm的滑道位置；柜内如果要放置更衣镜，高度应控制在1000～1400mm。由于每个户型的结构不同，安装柜体的墙面可能会出现柱子和横梁，装修时应该尽量利用这些梁柱，将柜子的储物空间得以最大化利用，且不留卫生死角。

◀ 图3-46 睡眠区设计（吕亮）　　　　　◀ 图3-47 卧室设计1（李朋霏）

3. 休闲区

主卧室的休闲区位是在卧室内满足主人阅读、思考等以休闲活动为主要内容的区域。在布置时可根据业主在休闲方面的具体要求，如读书、写字、饮茶等，选择适宜的空间区位，配以家具和必要的设备，如书桌、休闲椅、茶台、电脑等，如图 3-49 ～图 3-52所示。

4. 化妆区

主卧室的化妆活动包括美容和更衣两部分。这两部分的活动可分为组合式和分离式两种形式。一般以美容为中心的都以梳妆台为主要设施，可按照空间情况及个人喜好分别采用活动式、组合式或嵌入式的梳妆家具形式。从效果看，后两者不仅可节省空间，且有助于增进

◀ 图 3-51 卧室设计 1 (崔哲)

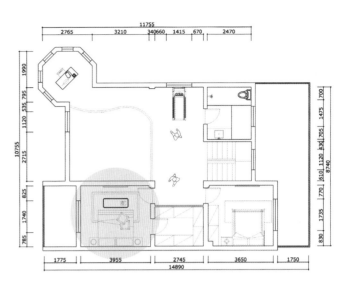

◀ 图 3-52 卧室设计 2 (崔哲，单位：mm)

◀ 图 3-53 卧室化妆区设计

整个房间的统一感，如图 3-53 所示。更衣亦是卧室活动的组成部分，在居住条件允许的情况下可设置独立的更衣区位，或与美容区相结合形成一个和谐的空间。在空间受限制时，也可在适宜的位置上设立简单的更衣区域。

5. 卫生区

卧室的卫生区位主要指浴室而言，理想的状况是主卧室设有专用的浴室，在实际居住环境条件达不到时，也应使卧室与浴室间保持一个相对便捷的位置，以保证卫浴活动隐蔽且便利，如图 3-54、图 3-55 所示。

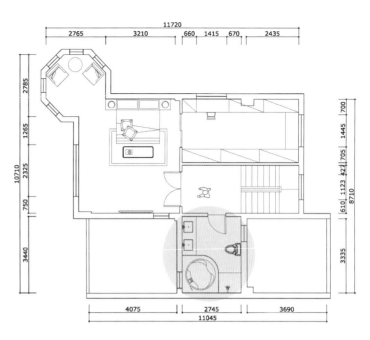

◀ 图 3-54　主卫设计 1（崔哲）　　　　　◀ 图 3-55　主卫设计 2（崔哲，单位：mm）

（二）设计方法

　　卧室的设计总体上应追求的是功能与形式的完美统一，设计师要追求时尚而不浮躁，崇尚个性而不矫揉造作，庄重典雅之中又不乏轻松、浪漫、温馨的感觉。

　　在进行住宅的室内设计时，几乎每个空间都有一个"设计重心"。在卧室中的"设计重心"就是床的位置，确定了床的位置、风格和色彩之后，卧室设计的其余部分也就随之展开。床头背景是卧室设计的一个亮点，设计时最好提前考虑到卧室主要家具——床的造型及色调，有些需要设计床头的背景墙，而有些则不必，只要挂些饰物即可。床头背景墙造型及材质应和谐统一而富于变化，如皮料细滑、壁布柔软、榉木细腻、松木返璞归真、防火板时尚现代，使其质感得以丰富展现，如图 3-56、图 3-57 所示。

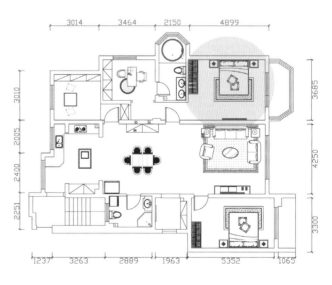

◀ 图 3-56　卧室设计 1（王巍）　　　　　◀ 图 3-57　卧室设计 2（王巍，单位：mm）

二、老人房

老年人属于特殊的群体，他们的生理特征、心理特征和活动特征与年轻人不同，因此，舒适的居住环境对老年人的身心健康特别重要。所以老人房设计要从老人的身体特点出发，进行多方面考虑，处处体现方便实用，如图3-58、图3-59所示。

1. 家具选择

老人房的家具一般是床和衣柜为主，所以首先确定床的摆放，床头不可对门对窗，尽量摆放在隐秘的地方，防止光线太强和靠近风口。可以设计转角书桌在窗户下，有足够的光线看书与读报，让身心放松。老人的衣物通常叠放的比较多，所以衣柜内部应该多做些层板，有条件的话，最好考虑衣柜上层装有升降衣架。一般老人因身体状况不宜上爬或下蹲，因此衣柜里的抽屉不宜放在最底层，应该在离地1m高左右。

老人房家具以木质为佳，忌用铁器家具，并少一些棱角；橱柜不宜高过头部，抽屉不宜低于膝部，尽量靠墙摆放；多选择与写字台高矮相当的家具，便于老人起身时撑扶。在挑选这些家具时还一定要注意其稳固性，不要选用移动家具，折叠、带轮子等功能性强的家具，容易在使用时发生意外，造成伤害。在门厅处放置小座椅，便于老人坐着换鞋。由于老年人在家里待的时间较长，因此家中要考虑设置能让老人舒适地坐、靠的座椅和沙发，同时设置方便老人放置手中物品的茶几或小桌面，这类设置应以圆滑、牢固的造型为主。对老人来说，流畅的空间可让他们行走更加方便，因此老人房间的家具造型不宜复杂，也不宜多，以简洁实用为主，留出足够多的活动空间。

老人一般都要起夜，他们的床应设置在靠近门的地方，方便如厕。床以偏硬的床垫或硬板床加厚褥子为宜。床铺高低要适宜，便于上下床。床上用品要选择轻暖的、天然的。

2. 材质选择

老人房的设计，安全最重要。为防范老人摔倒，地面装饰必须选择防滑性好的材料，最好使用拼木地板、地毯、石英地板砖、凹凸条纹状的地砖及防滑马赛克等材料。卧室选择软木地板较好，走路不易打滑，又具有一定的弹性，减噪吸声，即使老人摔倒，地板的弹力也可缓冲撞击的力量。在容易溅水的卫生间或厨房门口，最好能给老人铺上防滑地垫，防止意外发生。

3. 色彩搭配

在老人房色彩的选择上，应偏重古朴、柔和与温馨。墙壁可用米黄色、浅橘黄色等素雅的颜色

◁ 图3-58 老人房设计1（于卓鑫）

◁ 图3-59 老人房设计2（于卓鑫）

取代常规的白色，这些色彩会让老人感到安静与祥和。不要使用红、橙、黄等容易使人兴奋、激动的颜色。性格较乐观外向的老人，也可选用紫色、棕黄等更暖些的色调，还可以搭配适宜的盆栽与绿色植物，以增添自然清新之感。经历过沧桑岁月的老人，多有一种很浓的怀旧情绪，喜欢凝重沉稳之美。家居的设计、布局要有分量，格调要稳重，各种软装饰品可帮助强化环境的典雅风格，比如，窗帘可选用提花布、织锦布等，厚重的质地和素雅的图案，可体现老人成熟、稳重的智者风范、成熟气质。

4. 照明设计

老人房间的光源一定不能太复杂，不要装彩灯，这样会让老人眼花，还容易导致突发心脑血管疾病。明暗对比强烈或颜色过于明艳的灯也不适合老人，因为这很容易引起老人情绪的波动。

对老人来说，方便生活最重要，在一进门的地方要有灯源开关，否则摸黑进屋容易被绊倒。有些老年人喜欢躺在床上看书，所以床头灯应该稍微亮点，最好是装有调节开关的，可以根据需要调亮或调暗。床头也要有开关，走廊、卫生间、厨房、楼梯、床头等处都要设计有小夜灯，以便老人起夜时随时可以控制光源。

5. 无障碍设计

从空间设计的角度来说，除了考虑常规的便于老人活动的各种要求外，还需为老人日后可能使用轮椅而预留通行和回转的空间，注意房间的门口及过道的宽度，利于轮椅通行。开关、插座等设施设备的高度应适合坐轮椅的老人使用，开关高度由常规的1400mm下调至1200mm；插座高度由常规的300mm提高至600mm，书桌等处的插座高度应提至桌面以上，以便老人使用。大面积玻璃及镜面应在人的视线高度粘贴防撞条，以免老人误撞发生危险。避免台阶、错层、沟沟坎坎等造成地面通行障碍，推拉门采用吊轨式或隐藏地轨。卫生间、卧室以及任何老人需要去的地方，应设立"U"形圆管形状的扶手。

6. 智能设计

老年人记忆力不好，因此不便于操作过于复杂的设备，所以万能遥控器很有必要。还要有保障安全的自动断电系统及各种有智能保护装置的电器，例如火灭了会自动断气的燃气炉、床头呼叫设备、智能照明、恒温系统等。

三、儿童房

每一位父母都希望能给自己的子女提供一个舒适的房间，为他们提供一个集休息、娱乐、学习于一体的最佳场所。儿童房的设计宗旨就是给孩子提供一个天真活泼的成长空间，保证儿童健康快乐地成长，如图3-60、图3-61所示。

1. 空间功能

儿童房的空间功能主要划分为休息区、储藏区、活动区、学习区等。各区域之间要相互联系又有所区分，满足儿童的休息、睡眠、衣物玩具的储藏、阅读、游戏等多项需求。各功能区可以结合设计，如采用上床下柜式家具、书桌衣柜组合形式等，尽可能地提供宽敞的活动空间，满足儿童活泼好动的天性。而且二孩时代降临，在儿童房的设计中尽量考虑两个孩子的使用模式。只有一间面积较大的儿童房，最好安排两张独立的单人床，用床头柜、可开放式的储物单元格分隔开一定距离，让每个孩子有一定的个人空间。若只有一间小儿童房，可采取高低床，不宜安排过多家具，除衣柜等必要储物空间外，尽量留出学习和玩耍区。

❮ 图 3-60　儿童房设计 1（吕亮）

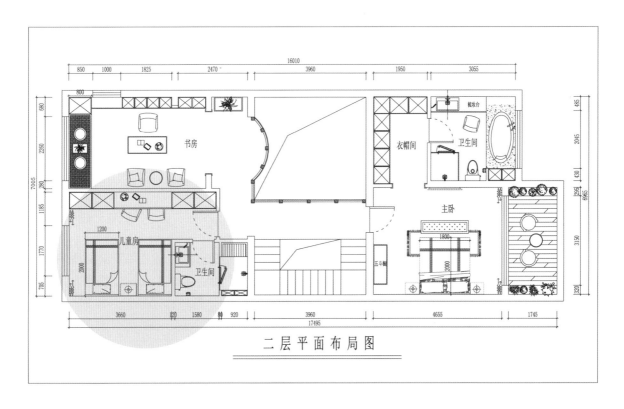

二 层 平 面 布 局 图

❮ 图 3-61　儿童房设计 2（吕亮，单位：mm）

2. 家具选择

孩子喜欢新鲜感，所以儿童房的设计要考虑让孩子可以随时重新调整摆设，空间属性应是多功能且具多变性的。孩子身体发育快，家具的尺寸最好也能随之变化，如桌子等最好是能调节高度的，根据孩子的身高来调整适合的高度。家具不妨选择易移动、组合性高的，方便他们随时重新调整空间，家具的颜色、图案或小摆设的变化，则有助于增加孩子想象的空间。如针对喜欢画画的孩子，可以在活动区域设计一块画板，让孩子有一处可随性涂鸦、自由张贴的天地，既不会破坏整体空间，又能激发孩子的创造力。孩子的美术作品或手工作品可以利用展示柜或在空间的一角架设层板作为展示，既满足孩子的成就感，也达到了趣味展示的作用。

◀图 3-62　儿童房设计

3. 色彩搭配

孩子的世界应该是五彩缤纷的，所以儿童房的色彩设计要丰富，色泽上不局限于某种色彩，以满足儿童的好奇心。整体家居色彩最好以明亮、轻松、愉悦为选择方向。还可根据儿童性别、喜好，选择适合居住儿童的色彩搭配，如明亮温柔的马卡龙色系，注意避免高饱和度且杂乱无章的配色，如图 3-62 所示。

4. 照明设计

儿童房要有合适且充足的照明，能让房间温暖、有安全感，有助于消除孩童独处时的恐惧感，尤其孩子进行学习时也需要有足够的光线，以免伤害眼睛。因此应选择安全系数较高的吸顶灯作为主要光源，但要尽量选择生动活泼、富有童趣的造型，使室内环境符合儿童的心理特点。此外，还要在重点区域增加合适的定向灯光，如选择安全护眼的台灯在书桌上学习使用；在睡眠区上方增加星空灯、月亮灯等气氛照明灯。

5. 材料选择

安全性是儿童房设计时需考虑的重点之一。小朋友活泼好动，所以在设计时，需避免各种可能的意外伤害。在儿童房间的选材上，宜以柔软、自然的素材为佳，如地毯、原木、壁布或塑料等，可营造舒适的睡卧环境，也令家长没有安全上的忧虑。家具建材应挑选耐用的、承受破坏力强的以及安全无毒的、容易修复、非高价的材料。另外还要注意在窗户设护栏，家具应尽量避免棱角的出现，宜采用圆弧收边，如图 3-63、图 3-64 所示。

四、卫生间

随着生活水平的提高，人们对卫生间设计的舒适性要求也越来越高，除了清洗、沐浴和如厕等私密功能之外，如今更成了化妆、日常休憩、蒸汽浴享受等活动的理想场所。西方国家流行"三R"概念的卫生间设计。"三R"即 Relax(放松)、Recharge(充电)、Restore(恢复)，可见人们对浴室的期望和要求越来越高。

1. 使用要求

卫生间是家庭成员进行个人卫生的重要场所，具有如厕和清洗双重功能，实用性强，利用率高，应该合理、巧妙地利用每一寸面积。有时，也将家庭中一些清洁卫生工作纳入其中，如洗衣机的安置、洗涤池、卫生打扫工具的存放等。一个完整的卫生间，应具备如厕、洗漱、沐浴、更衣、

< 图3-63 儿童房设计 1（李朋霏）

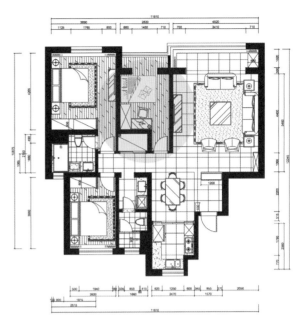

< 图3-64 儿童房设计 2（李朋霏，单位：mm）

< 图3-65 卫生间设计（李朋霏）

洗衣、干衣、化妆，以及洗护用品的贮藏等功能。具体情况需根据实际的使用面积与主人的生活习惯而定，如图3-65所示。

2. 空间布局

从布局上来说，卫生间大体可分为开放式布置和间隔式布置两种。所谓开放式布置就是将浴室、便器、洗脸盆等卫生设备都安排在同一个空间里，是一种普遍采用的方式；而间隔式布置一般是将浴室、便器纳入一个空间而让洗漱独立出来，这不失为一种不错的选择，条件允许的情况下可以采用这种方式。可采用固定的淋浴屏进行干湿分离，能保证淋浴间的完整，视觉效果好，如图3-66、图3-67所示。

3. 设施选择

从设备上来说，卫生间一般包括卫生洁具和一些配套设施。卫生洁具主要有浴缸、蒸汽房、洗脸盆、坐便器、沐浴房等；配套设施如美容镜、毛巾架、置物架、浴巾环、肥皂盒、化妆橱和抽屉等。考虑到卫生间易潮湿这一特点，应尽量减少木制品的使用，选择防水、防锈、防火、防腐的材料为好。门的安装尽量不要选用木门，以防日后受潮变形，尽量选用防水门、铝制门等。

卫生间的洗脸盆可嵌入长型台面中，以增加洗脸台四周的使用面积。洗脸盆台面分台上盆和台下盆两种。台上盆变化丰富美观大方，但不易清理有卫生死角；台下盆简洁单调，但易清扫，台面面积大且方便实用。台面材质目前常采用的有天然花岗岩、人造石材和防火板等，可创造出造型多样的台面，满足人们不同的装饰需要。

浴厕材料选择都必须是防水、防潮的，地面还必须防滑。另外卫生间内还必须有通风设备，电吹风、卷发器等备用插座，其他如厕纸盒、皂盒、扶手、洗漱架等小配件要考虑周到，厕所门口内外不应有台阶。厕所门应容易开关，平开门应采用外开式；尤其是考虑老年人的使用，宜在必要的位置如坐便器等处设置扶手、安装紧急报警装置等。

4. 照明布置

卫生间照明设计主要由两个部分组成。第一部分包括淋浴空间和浴盆、坐厕等空间。这部分空间以柔和的光线为主，照度要求不高，要求光线均匀，光源本身还要有防水、散热功能和不易积水的结构。淋浴空间中的浴霸由于是靠强光发热来实现加热目的，光线太强并不适合浴室照明，应当有专门的照明光源。一般在 $5m^2$ 的卫生间里要用相当于60W当量的光源进行照明，且对光线的显色指数要求不高，白炽灯、荧光灯、气体灯都可以。

< 图 3-66　卫生间设计 1（崔哲）

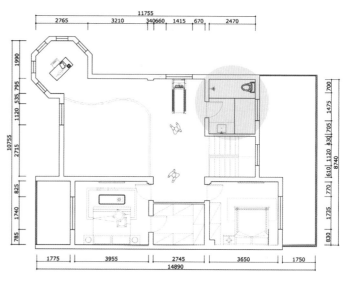

< 图 3-67　卫生间设计 2（崔哲，单位：mm）

❮ 图 3-68　卫生间设计 1（吕亮）

❮ 图 3-69　卫生间设计 2（吕亮）

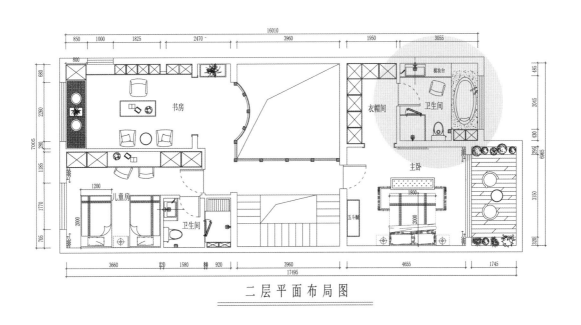

二层平面布局图

❮ 图 3-70　卫生间设计 3（吕亮，单位：mm）

　　第二部分是脸部整理部分。由于有化妆功能需求，这部分照明对光源的显色指数有较高的要求，最好是白炽灯或显色性较好的高档光源。同时对照度和光线角度要求也较高，最好是在化妆镜的两边，其次是顶部，需要相当于60W以上的白炽灯的亮度。高级的卫生间还应该有部分背景光源，可放在卫生柜（架）内和部分地坪内以增加气氛，其中地坪下的光源要注意防水要求，如图3-68～图3-70所示。

五、个人工作室

很多人喜欢在轻松私密的空间中工作，而不是每天面对外界的压力。因此，在居室中布置一个家庭个人工作室，能更好地放松心情，提高工作效率。

1. 设施选择

个人工作室尽量选择相对安静、光线充足的空间，选择舒适、收纳功能好的工作台。工作台的大小、放置的区域、工作物品的摆放方式、椅子的舒适度、噪声干扰、光线、亮度、温度等，这些都是需要考虑的内容。选择一个带有收纳功能的桌子便于办公，将文件、资料分门别类整理好收纳起来，桌面就会整洁很多。当然，款式简约的桌椅配一个带有储物功能的书架也可解决储物问题，如图3-71、图3-72所示。

◄ 图 3-71 工作室设计 1 （吕亮）

2. 空间选择

个人工作室可以采用和其他空间共用的方式。比如放在卧室这个相对私人的领域，就能减少被打扰的情况；如果放在客厅这个共用的区域，可以选择大点的办公台；如果担心家人走动会打扰思路，可以把工作台尽量远离客厅核心区，选在角落处；为了使注意力更加集中的话，可以用隔断隔开空间，划分出一个专门的工作室。利用封闭式阳台、望窗景缓解工作疲劳、保持心情愉悦，如图3-73～图3-77所示。

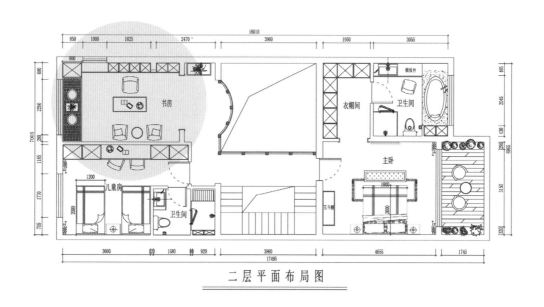

二层平面布局图

◄ 图 3-72 工作室设计 2 （吕亮，单位：mm）

< 图 3-73 工作室设计 3（吕亮）

< 图 3-74 工作室设计 4（吕亮，单位：mm）

< 图 3-75 工作室设计 1（王巍）

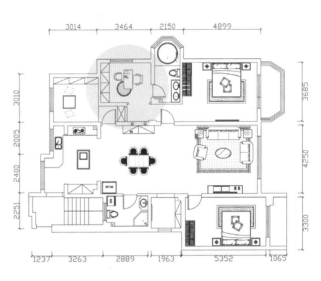

< 图 3-76 工作室设计 2（王巍，单位：mm）

< 图 3-77 书房设计（于卓鑫）

一、中式厨房

根据中国人的生活习惯，厨房设计一般比较注重实用性。由于中国人的烹饪习惯多采用的是煎、炸、炒等方式，在烹饪的过程中用油较多，而厨房产生的油烟也比较大。因此大多数人的现代家居装修中的中式厨房都是封闭式的厨房设计，即把烹饪功能放在厨房设计的第一位来进行考虑，厨房一般是专用型的独立式空间，与就餐、起居等空间要有明显的区分。

1. 厨房的布局

厨房的布局一般可分为"一"字型、"L"型、"T"型、"U"型、岛型等形式，然而不管什么样的布局，都应该尽量遵循厨房的操作线原则，即存放、洗涤、切削、备餐、烹饪的工作线路流畅而不拥挤。一般来说，洗涤槽和炉灶之间来回最频繁，距离最好调节到1220～1830mm之间。如果可以保证这五个步骤顺畅、不交叉，就可以最大限度地利用厨房空间。一般的厨房工作流程为在洗涤后进行加工，然后烹饪，因此最好将水池与灶台设计在同一流程线上，并且二者之间的功能区域用一块直通的台面连接起来作为操作台，减少水滴落在二者之间的地板上的可能性。水池或灶台不要安放在厨房的角落里；如果灶台紧贴烟道墙安放的话，操作者的胳膊肘会在炒菜时经常磕到墙壁上；水池贴墙安放也会带来同样的麻烦。因此，水池或灶台距离墙面至少要保留400mm的侧面距离，才能有足够空间让操作者自如地工作，如图3-78～图3-80所示。

2. 橱柜设计

厨房标准工作台高度为800～850mm，进深为500～600mm；吊柜进深为320～350mm；吊柜起吊高度在1500～1600mm之间；上下柜间距最低为450mm；灶台至烟机的间距为660～750mm；橱柜整体高度不宜超过2300mm，否则不仅产生压抑感，而且上部会成为贮物死区。设计橱柜时，要保证柜门大小比例协调，整体美观。一般一套橱柜中，地柜不要出现三种以上尺寸的柜门（如400mm、450mm、500mm），吊柜不要出现两种以上尺寸的柜门（如350mm、400mm），特殊情况下（如包住下水管道）允许设计一个尺寸较小的门板。设计柜体的尺寸要比现场尺寸稍小约10～50mm，以防止墙身不直或墙角不正等其他误差，而导致安装时放不进去。

◀ 图3-78　厨房设计1（吕亮）

◀ 图3-79　厨房设计2（吕亮）

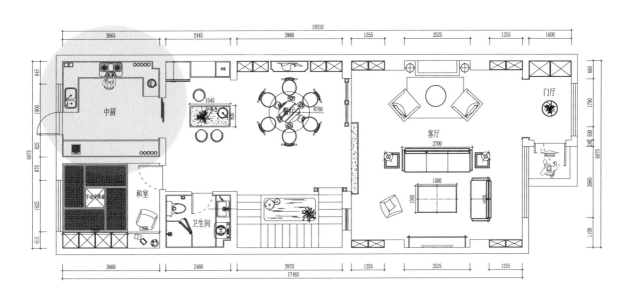

一层平面布局图

< 图3-80 厨房设计3（吕亮，单位：mm）

二、西式厨房

与中式厨房相比，西方人的厨房历来是以漂亮、整齐、干净著称。西方人讲究饮食和就餐环境的情调感，喜欢把厨房和就餐区域进行一体化设计，即开放式厨房——把餐厅与厨房设计在一个统一、连贯的区域内，注重一种烹饪和就餐环境的团聚性。而在当代，西式厨房已经发展到突破饮食就餐的传统功能的地步，大部分的西式厨房设计，已经兼具了娱乐、休闲及家庭情感沟通、朋友聚会等诸多功能。因此，与中式厨房相比，西式厨房更加具有人性化和情调感的优势，如图3-81～图3-83所示。

< 图3-81 厨房设计1（王巍）

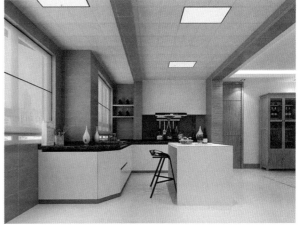

< 图3-82 厨房设计2（王巍）

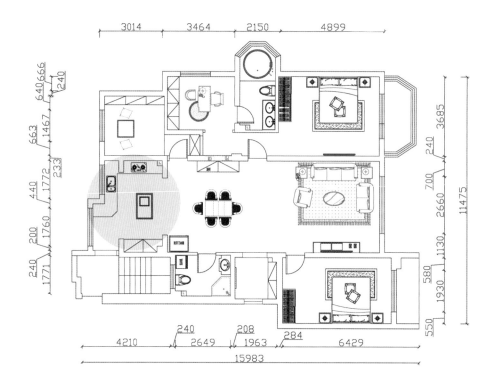

图 3-83　厨房设计 3（王巍，单位：mm）

图 3-84　厨房设计 1（于卓鑫）

图 3-85　厨房设计 2（于卓鑫）

　　西餐厨房不太考虑油烟的问题，有些传统西餐厨房甚至是没有抽油烟机的，因此适宜开放式设计。西厨有岛台，大多数时候这个岛台就是一家人围坐的中央，通常就在这里吃饭，厨房里大多有电视机等视听设备。西厨中对柜台和壁柜中间的那部分墙面的装饰很看重，一般会使用多种瓷砖、石材来装饰。西厨中的窗户会比较多而大，有些还会有布艺窗帘，如图 3-84、图 3-85 所示。

第四节　其他区域

一、衣帽间

随着经济的发展，每个家庭成员的衣服也是种类繁多，款式各异。人们开始注重对其进行分类收纳，因此衣帽间正逐步成为每个家庭空间中不可或缺的一部分。家居中的衣帽间给人们生活带来许多便捷的同时还会给在衣帽间更衣的人带来愉悦的心情和自信，更可以成为家居设计中的亮点，是居住者精致生活的完美体现。

理想的衣帽间面积至少在$4m^2$以上，里面应分挂放区、叠放区、内衣区、鞋袜区和被褥区等专用储藏空间，可以供家人舒适地更衣。衣帽间的内部形式需根据现有的空间格局进行排布，正方形多采用"U"形排布；狭长型的平行排布较好；宽长型空间适合"L"形排布。

◀ 图 3-86　衣帽间设计

◀ 图 3-87　衣帽间设计（崔哲）

◀ 图 3-88　衣帽间设计（吕亮）

在衣帽间设计中应注意五金配件的品质。在长时间使用过程中，衣柜五金件损耗较多，若衣帽间放置在与厨房卫生间较近的地方，或者是把山的外墙，防潮防霉问题就显得极为重要。衣帽间设计配置的灯光不仅要保证照明度，还应该注意它的发热量，最好选择内置灯泡、外加灯罩的灯具，以免造成安全隐患。开关安装的位置也应考虑合适的和主人习惯的位置。在设计樘板分割之前，要充分分析使用者所放物体的性质，包括长宽、体积与重量等，考虑哪些是常用的，哪些是备用的，哪些适合放在上面，哪些适合放在下面，放置拿取是否方便等问题。最后，根据这些整体分析，打造物架分割图，如图3-86～图3-88所示。

二、储藏间

随着人们生活水平的提高，物质方面的需求也越来越丰富。因此，家庭中的储藏空间也越来越受重视。储藏室一般用于储藏日用品、衣物、棉被、箱子、杂物等物品。储藏室面积小，方位朝向和通风都比较差，因此设计时应注意以下几点。

① 分类原则：储藏室格局应该分门别类进行规划，否则后期找寻物品比较麻烦。

② 规划原则：如果是用储物柜储物，则设置要合理，不能让室内空间因家具过多而产生压抑感。

③ 就近原则：尽量将各个功能的储藏室靠近相应的房间，便于日常取用。比如衣帽间设在卧室，或者靠近浴室。

④ 便利原则：事先要根据家人的需求来设计储藏室，以后用起来才方便。同时，可以在储藏室里放一把登高梯，以备不时之需。

⑤ 安全原则：有儿童的家庭，要充分考虑安全问题，例如刀、剪、药品、洗涤剂、工具等物品应放置在隐蔽或儿童够不到的地方。

本章训练课题

① 居住空间中一般包括哪几个功能区？试着选出三个区域谈谈其中的功能特点以及如何进行设计。

② 居住室内空间色彩搭配有哪些要点和原则？试着选出两个功能空间，谈谈你的想法。

随着时代的发展和生活水平的不断提高，人类的生活从满足基本的衣、食、住、行的要求转变为对家庭生活质量的更大投入。

居住空间的风格，不是偶然形成的，它受到了各种因素的制约，民族的不同、地域的不同、生活习惯的不同、历史年代的不同、文化思潮的不同、社会制度的不同等，都对风格的形成起着决定性因素。风格形成后，经过创作的演变，展现出不同的形式。风格虽然表现于形式，但其具有深刻的内涵和独特的文化艺术。著名的建筑理论学家M•金兹伯格曾经指出：" '风格' 一词，充满了模糊性。" 研究传统与现代、西方与东方的融合体现，对于在现代室内设计是大有裨益的。

一、传统中式风格

（一）中式风格的装饰元素

1. 隔断

隔断属于半实体的空间界面，也是常用的装饰手法，形式有隔断、隔墙、屏风等。隔断上的图案可以选取简单明快的几何纹样，如冰裂纹、棋格纹，抑或是文字、风景、龙凤纹等。

2. 家具

传统家具也是最能表现传统中国风格的媒介。中式家具对房间的刻画有很强的表达作用，它无论放在什么地方都可以决定这个地方的气质。在现代室内装饰中，可以用敦厚稳重、纯朴古拙的传统家具，既保持了传统家具优雅清秀的艺术效果，又具有现代家具的简约风格和功能。这里突出描

◁ 图 4-1　中式风格纹样抱枕

◁ 图 4-2　中式风格花鸟抱枕

述一下博古架。博古架装饰纹样丰富多样，图案多选用花鸟、人物、代表吉祥寓意的数字等，这些图案纹样都代表人们对生活的美好向往，有着吉祥美好的祝愿。

（二）中式风格的应用

1. 织物

一件小小的传统装饰织物，在现代紧张的生活里，越来越受人民喜爱。带有传统纹样的窗帘，以剪贴和刺绣手法制作成的立体造型布艺，中国传统手绘、刺绣方式制作的软垫、地毯、沙发以及床上用品等等，这些传统的装饰织物多带有浓烈的中国风韵，具有吉祥美好的寓意，如图4-1、图4-2所示。

◁ 图 4-3　中式书法装饰

2. 书法字画

传统的汉字室内装饰大多以对联、匾额等形式出现，给人的视觉效果是正面的、庄重的。而在现代室内装饰中，汉字的装饰材料丰富多样，如金属汉字、陶瓷汉字等，装饰位置可以是天花、立面、甚至是地面，如图4-3所示。

3. 瓷装饰品

青花在中国陶瓷装饰艺术中占有非常重要的位置，至今有七百多年的历史。青花瓷造型丰富、优美，装饰技法丰富多样，中国韵味浓厚。它的装饰纹样与瓷胎只是一次烧成，因此价格较低，给人大方、朴素、清新、雅致的感觉，深受普通老百姓的喜爱，常摆设在家中，不仅具有很高的实用价值，还令人赏心悦目，具有艺术欣赏价值，如图4-4、图4-5所示。

二、新中式风格

新中式风格，也被称为现代中式风格。它是传统文化和现代艺术的融合；既体现传统神韵，又具备现代设计理念，使空间蕴含着典雅和现代的味道。在现代室内空间中强化中国文化元素、在室

◀ 图 4-4　青花瓷盘　　　　　　　　　　　　　　　　　　　　　◀ 图 4-5　青花瓷风格装饰

内装饰中将传统文化元素与科技相结合，符合当前时代背景下的审美需求。

1. 布艺

新中式风格布艺饰品可以从两方面体现：一方面可以从图案设计入手，选用传统中式风格图案；另一方面可以从制作工艺方面入手，选择传统制作工艺，体现传统文化内涵。回字纹是一种传统的装饰纹饰，其形式多样、变化多端，由于具有美好吉祥的寓意，被广泛用于装饰中。根据回字纹设计的抱枕，具有浓厚的中国气息，深受大众喜爱，如图4-6所示。传统布艺的制作工艺包括印染、织花以及绣花。其中绣花布艺有色牢度强、纹路鲜明、立体感强等特点，但价格昂贵。这种风格的布艺可以加强室内空间风格的塑造，其独特的面料，满足了人们对传统文化的追求，如图4-7所示。

2. 家具

新中式家具继承了明清家具设计理念，取其精华、去其糟粕，在原有的基础上进行简化、创新，注入新的时代气息，注重品质感和现代感。新中式风格的边柜以中国传统榫卯结构为构架，沿袭了明清家具的造型特征，根据明清时期的太师椅、圈椅、官帽椅等，并稍作改良。从材质上来看，多以实木家具为主，常用的实木有松木、橡木、柚木、水曲柳、核桃木等，将实木与现代材料相结合，如金属、玻璃、塑料等。既能体现中式家具的沉稳端庄，又能紧跟时代步伐，注入鲜活的力量，如图4-8、图4-9所示。

3. 陈设品

新中式风格的陈设品可以分为功能性陈设品、装饰性陈设品以及宗教性陈设品。

功能性陈设品主要以实用功能为主，如书房中的文房四宝、橱柜中的酒杯等。

装饰性陈设品是指以摆设、观赏、装饰性为目的的陈设品，包括工艺品如陶瓷、石器、玉器、刺绣等，艺术品如字画、装饰画、壁挂、摄影作品等，以及一些个人的收藏品、纪念品等。

宗教性陈设品是指带有宗教色彩的陈设品，如泥塑佛头像的陈设品，佛面呈微笑、双目微闭，表达了佛慈悲为怀的思想，表现了中国的佛教文化，带有浓郁的文化气息，如图4-10所示。

❮ 图 4-6　回字形抱枕

❮ 图 4-7　绣花抱枕

❮ 图 4-8　榫卯结构边柜

❮ 图 4-9　实木金属结合的边柜

　　新中式风格的陈设品具有浓郁的艺术性和强烈的装饰效果，不仅可以陶冶情操，还能表现居住者的审美层次、兴趣爱好、文化品位等。陈设品不仅具有美化空间的作用，更有中国传统文化的内涵，包含着极其丰富的理想、愿望和情感，通过陈设品的设计，可以展现其文化内涵和特点，如图4-11所示。

三、传统美式乡村风格

　　美式乡村风格具有十分明显的融合特点，在室内空间的设计与规划中，更多的考虑室内环境的功能性与舒适性。人们向往自然、亲近自然的心情日益强烈，而美式乡村风格追求舒适自由、回归自然的理念正极度迎合人们的需要，为人们所喜爱。

❮图 4-10　中式佛像装饰　　　　　　　　　❮图 4-11　中式风格装饰品

　　美式乡村风格由于其体量较大，所以多为别墅设计。美式乡村别墅室内一般是木结构，体量上通常比其他类型别墅大，其特点是具有明亮的大窗户，标志性的坡屋顶及阁楼，明亮的外部色彩和流畅的线条，体现出美式乡村田园的自然感和舒适感，营造出美国人对悠闲自由生活的向往。如图4-12所示。

❮图 4-12　美式风格别墅

（一）传统美式风格的装饰原则

1. 自由随意原则

自由随意是大多数美国人的生活特点，而表现在家居软装饰方面，则形成了空间软装饰的自由培植、随意搭配的特色。

2. 实用主义原则

美式风格的普通家居装饰的文化特点是舒适、随意、自由和温馨，其中实用性是最被重视的原则之一。

3. 立足传统原则

美式装饰风格的另一个突出的原则就是重视传统的美德。几乎每一种美式风格背后都有着一段相对应的历史背景，这是美式风格别具一格的精神内涵，也是美式风格的生命力和魅力之所在。

（二）传统美式风格的应用

1. 家具

美式乡村风格家具受到欧洲家具风格的影响较大，但又不像欧式风格那样刻意追求金碧辉煌的奢华或复杂精致的雕刻，而是更倾向于舒适自然，通过材质本身细腻优美的纹理和古朴动人的光泽来体现家具的品质，如图4-13、图4-14所示。

2. 布艺

美式乡村风格中的布艺是整体装饰中非常重要的部分，如何选择合适的布艺对营造美式乡村风格的氛围十分重要。首先，在色彩上，多以土褐色、墨绿、酒红等自然色调为主，面料多选择棉麻材料，手感舒适，透气性良好，能很好地与乡村风格自然纯朴的基调相融合，如图4-15、图4-16所示。

3. 灯具

美式乡村风格的灯具以暖色调为主，造型简洁大方，用材多以树脂、铜材和铁艺为主，注重休

◀ 图 4-13 美式风格斗柜　　　　　　　　　　◀ 图 4-14 美式风格床头柜

‹ 图 4-15　墨绿色窗帘装饰　　　　　　　　　　　　　　　‹ 图 4-16　土褐色窗帘装饰

‹ 图 4-17　大美式风格灯具　　　　‹ 图 4-18　小美式风格灯具　　　　‹ 图 4-19　美式风格卧室

闲和舒适感，讲究一种古典怀旧情怀的营造。美式灯具分为大美式和小美式。大美式造型精巧美观，颜色偏深；小美式则造型简单，多为铜质材料，如图4-17、图4-18所示。

美式乡村风格灯具在搭配时讲究与居住环境的协调呼应，比如仿古类的美式家具会选择带雕饰的灯具，皮质家具会搭配金属感强的灯具，如图4-19所示。

四、新古典风格

新古典风格可以追溯到罗马时代。新古典风格的发展依靠材质的相似性和一致性的特点，让家具的材质和其他饰物的材质进行良好的结合，无论是在颜色上还是款式上都进行了良好的融合，从而利用一定的古典式特征去改变室内的环境，将房屋设计的配套方式转变成一种软装饰的创新性的表现。

（一）新古典风格室内设计原则

1. 材质统一原则

新古典风格的发展依靠材质的相似性和一致性的特点，也可以表现出不同的形式和风格。选择

＜图 4-20　新古典风格书房

具有针对性的新古典风格的家
具和软装饰物品做出一些详细
的分类，让家具的材质和其他
饰物的材质进行良好的结合，
如图4-20所示。

2. 色彩混搭原则

色彩混合的搭配风格要选
择具有创新意义的色彩混合，
搭配风格可以从家具、油画、
墙壁、壁纸、地毯、窗帘、灯
饰等方面得到体现，如图4-21
所示。

3. 空间与环境的独特性
原则

＜图 4-21　新古典风格玄关装饰

利用可以变动位置的装饰物与家具，对室内环境进行新的陈设与布置，尽管一些细节看起来是
微乎其微，但是将它加起来就会造成很大冲击力。

4. 个性化与主体化配套原则

装饰艺术是与人的日常生活紧密联系在一起的，可以说工艺领域都与装饰艺术有关。设计师要
在整体性的强调中更注重主体化的配套完整性，考虑到唯美主义的强烈美感和动感曲线的抒发。

（二）新古典风格的应用

1. 家具

新古典家具最重要的特点是强调"新"，而不是一味地复古。这个"新"不只是指家具的款式新，更多的是指家具的内涵上的"新"。新古典家具的特点是希望在将古典传统中精华的东西保留，并能够适当地简化成为新古典家具中的一个细节、一个轮廓、一个更符合现代审美情趣的抽象化符号，如图 4-22、图 4-23 所示。

2. 织物

在新古典风格中，织物一般以绒布、棉织物、毛织物为主，偶尔也会适当地增添一些丝绸作为点缀。它摒弃了始于洛可可风格时期的繁复装饰，追求简洁自然之美的同时保留了欧式风格的特征，其布艺织物上也具有欧式大气奢华的特点，如图 4-24、图 4-25 所示。

3. 植物装饰

植物和鲜花等可以从很多方面改善室内环境：植物通过光合作用吸收二氧化碳，释放新鲜氧

< 图 4-22　新古典风格椅子

< 图 4-23　新古典风格衣柜

< 图 4-24　新古典风格沙发

< 图 4-25　新古典风格窗帘

◀ 图 4-26　室内植物装饰　　　　　　　　　　　◀ 图 4-27　客厅一角

气；叶片上的纤毛也可以截留空气中的灰尘，净化空气；通过枝叶的漫反射，还可以降低室内噪声；植物还可以调节室内的温度和湿度，如图4-26、图4-27所示。

五、地中海风格

地中海设计风格强调自然，通过大量采用当地盛产的木材、石板、藤木等自然材料以达到室内外装饰风格的统一，呈现出休闲、质朴的地中海风貌。大多数地中海风格以蓝白调为经典配色，受到地域性差异的影响，还存在米黄色、蓝紫色及赭石色等，颜色元素是其独特的标识。在造型方面地中海风格主要采用穿插交织模式，由回廊、穿堂及过道等几大元素组成，其中拱门、马蹄形门窗等是此风格基本特征之一。

（一）地中海风格的特点

1. 色彩丰富

色彩是地中海风格中独特的标识，并配以独特的手段展现出一种高雅柔和的浅色调，大多数以蓝白调为经典配色。

2. 造型多变特点

地中海风格是类海洋风格装修的代表，因富有浓郁的地中海人文风情和地域特征而得名。其通过空间上连续的拱门、马蹄形门窗等来体现空间的通透，开放式的功能分区体现了地中海风格的自由精神内涵。这种造型，不仅能够丰富空间造型，还能够给室内带来良好的通风效果，另外，受到宗教的影响，此风格造型采取自然线条，极少见到直来直去的线条，更加强调的是一种浑然天成的感觉。

（二）地中海风格的装饰元素应用

1. 地面材料

人们除了用木板作为地面材料外，通常还会选用地中海沿岸国家所特产的赤陶、陶砖或石板等当地材料铺就室内地面，使室内地面更加具有古朴的质感。同时也会利用其他造型丰富的材料如鹅卵石、小石子等进行随意的拼贴或组合，打破地面原有的固定形状，打造自然随意的视觉效果，如

图4-28、图4-29所示。

2. 墙面材料

地中海沿岸房屋建筑的墙壁足够有910mm厚，且多用浑圆的墙体，就是为了阻隔外面灼热的阳光。在墙体立面上我们很少见光滑平整的墙面，而是混合着细砂、泥土、贝壳或大小不一的石子而成的粗糙的毛石墙，并开凿出拱形、马蹄状等不同的墙面形态，如图4-30所示。

有时为了增加一定的装饰效果，还会在局部墙面上拼贴各种不同图案的马赛克，让灰白的墙壁在平淡中也不失一份精彩。被刷成天蓝色的百叶窗和房门都是用当地木材制成的，窗护栏则是用精巧的铁料锻制而成，充分体现了当地人的手工技艺风格，如图4-31、图4-32所示。

< 图4-28　赤陶地砖

< 图4-29　鹅卵石拼贴装饰

< 图4-30　毛石墙

< 图4-31　地中海风格卧室

< 图4-32　地中海风格客厅

3. 顶面材料

顶部设计大多采用木构屋顶或者是赤陶筒瓦坡屋顶。在内部顶面装饰上，或延伸立面墙体斑驳随意的白灰泥墙，保留原来的顶面形态不做任何装饰；或选用几块原木或木板做横梁，粗犷而简单的木头纹理配上灰白的墙面，彰显着生活的淳朴，如图4-33所示。

过廊多用拱形结构，在具体设计中，往往设计多个拱门和拱廊，将各个区域连接起来，给一种人们视觉上延伸的感觉，并增加围栏、门窗等元素，提升空间层次性，另外同时配上一两盏色彩斑斓的琉璃灯，照亮了室内空间的同时，也渲染了整个空间氛围。如图4-34、图4-35所示。

◀ 图 4-33　地中海风格顶部设计

4. 陈设装饰

地中海区域得天独厚的地理环境，不仅给希腊人民带来了优越的航海条件，同时也发展了广泛的海外贸易，促使了地中海城邦手工艺的盛行与发展。沿岸的每一户居民几乎都会一定的手工绝活，因此也把这项技术渗透在他们生活的方方面面，如图4-36所示。

5. 景中窗

通过全穿凿或者半穿凿形式设计景中窗，并将其与墙体整合到一起，不仅能够为人们提供更多储存空间，还能够满足居住通风需求。例如在室内设计中，可以在餐桌旁设置全穿凿景中窗，与铁

◀ 图 4-34　拱形过廊　　　　◀ 图 4-35　拱形门厅

艺完美结合，并搭配浑圆造型的餐桌椅，营造浓郁的地中海氛围，如图4-37、图4-38所示。

< 图4-36 希腊手工艺品

六、东南亚风格

东南亚风格普遍有着较长的殖民统治历史，其文化形态也打上了西方文化的烙印，并且西方文化中的审美观念、陈设设计理念、视觉表达、设计语言的使用等都融入到了东南亚文化中。

< 图4-37 阳台景中窗

< 图4-38 客厅景中窗

（一）东南亚风格的装饰形态美法则

1. 风格美

东南亚风格是一种结合了东南亚民族岛屿特色的家居设计方式，颜色拙朴，线条行云流水，造形简单整洁，多以原藤原木为材料。这类风格还普遍有着殖民国家的文化形态，如图4-39、图4-40所示。

2. 自然美

东南亚风格的室内陈设设计在实践中不断地将其自然环境中的天然特质与现代设计的居住精神融合在一起。其室内陈设上典型的紫红、鹅黄、果绿等视觉装饰元素都使得原本的单一的色彩富有

◁ 图4-39　泰式风格　　　　　　　　　　　◁ 图4-40　印度尼西亚风格

特点。此外，其对于传统的装饰元素的巧妙应用、手工艺的重视以及个性空间表达的关注，无不是彰显出一种注重自然原味且关照现代舒适感的现代设计精神，如图4-41所示。

3. 文化美

从设计的取材上看，与之搭配而成的工艺饰品有带有宗教文化色彩的佛教饰品、具有土著文化和原始风格的石雕作品，还有带有热带雨林风格的工艺品，这些装饰元素的凝结自然形成了东南亚文化的沉淀。在这些彰显自然美与朴素美的材质之中，最为典型的就是东南亚风格的藤木结合，藤蔓与实木材质的搭配与融合则在陈设的内部赋予了东南亚风格的文化美，如图4-42所示。

（二）东南亚风格的应用

1. 家具

东南亚家具的材质主要以藤、麻、海草和椰子壳等热带雨林植物为主，更为重要的一点是这些家具的色彩、质地和造型保留了本来的特色，最终形成室内空间与室外空间的和谐一致。再就是材质独特的芳香气味，不仅能够给人们带来心灵上的安慰，而且能够舒缓现代人的神经，如图4-43所示。

◁ 图4-41　东南亚风格庭院　　　　　　　　◁ 图4-42　宗教风格客厅

❮ 图 4-43　藤、麻元素装饰

❮ 图 4-44　黄绿色调

❮ 图 4-45　浅棕色调

2. 色彩

　　原始黄绿。东南亚地区室内空间设计的主要特点是自然、原始的回归，虽然家具的色调主要以沉稳的藤色和黑胡桃木色为主，但是并没有产生沉闷压抑的感觉，反而给人一种明亮舒适的感觉，这是因为客厅中的窗帘和地毯主要以带有丝丝光泽的黄绿色为主，再加上形状各异、色彩鲜艳的手绘图案的配合，使得整个客厅洋溢着勃勃生机的自然风情，整个客厅的色彩搭配完成了自然、原始的回归，如图4-44所示。

　　宁静浅棕。卧室选用了米色的坐垫、浅棕色的窗帘，使得整个色调温暖了许多，从而营造出一种具有神秘气息的浪漫情调，如图4-45所示。

◀图4-46　红褐色陈设装饰　　　　　　　　◀图4-47　红褐色色调

◀图4-48　蓝紫色调客厅　　　　　　　　◀图4-49　蓝色调客厅

　　古典红褐。卧室中的床是沉稳的樱桃木色，椅垫是温暖的米色，墙布是艳丽的红色，这种反差极大的色调组合，营造着富丽堂皇的贵族气息，同时室内空间设计中的装饰品，如带有佛教色彩的壁盒和柱子，又为空间增添了一种神秘气息，如图4-46、图4-47所示。

　　迷情蓝紫。蓝紫色的窗帘配以藤质家具中沉稳的深樱桃木色，使人产生强烈的视觉冲击，再搭配上富有变化的手工图案和诸多色泽变化的地毯，使人仿佛身临于充满无穷的魅惑力和迷幻感的热带雨林之中，如图4-48、图4-49所示。

七、现代装饰艺术风格

（一）现代装饰艺术风格特点

"装饰"一词来自拉丁语的"Décor"，是指"适合于一个时代、某一地方或某一情景的特征"，或是指"得体和体面的特征"。

随着建筑技术的发展，建筑设计高度的增加，对建筑的结构与材料提出了轻质高强的要求，现代装饰艺术设计多以玻璃和金属来进行装饰，在众多建筑设计中，装饰十分多样化。但这并不代表所有采用玻璃和金属来进行的装饰的都能称为装饰艺术。现代装饰艺术应该同时具备三个特征。

1. 精致的细部装饰

将现代装饰艺术的装饰评判为"精致"，是指其是现代工业化生产与古典手工艺相结合的产物。古典时期的手工艺作品在当时是相对精致的，工业时代装饰可以利用机械来加工制作，21世纪设计的高度装配化大大提高了建造的速度和精度。所以说装饰艺术的新表达，就是在装饰设计方面有着更多精致的细部设计，如图4-50、图4-51所示。

2. 符号的体现

当代建筑中，装饰艺术风格被人们反复的抄袭与复制，在多次重复之后，装饰艺术风格的精髓被重复强调而夸张了其作为传统风格特点的代表性，仅仅停留在传统装饰艺术的外部表征上，永远不能创造出能够符合时代要求的新装饰艺术的形式。所以，如果想要创新，就要追根溯源，跨越20世纪，摆脱思维束缚，研究装饰艺术风格的历史本源符号象征，如图4-52、图4-53所示。

3. 风格的延续

在现代装饰艺术有两种延续风格的方式：一种是在形式上大部分保留了20世纪装饰艺术的形式，装饰表象为石材，多以干挂石材幕墙或GRC（玻璃纤维增强混凝土）材料模拟石材表现；另一种是在形式似乎不直接表现出装饰艺术，从形态上和材料

< 图 4-50 装饰艺术风格大门

< 图 4-51 装饰艺术风格电梯门

< 图 4-52 装饰艺术风格元素

< 图 4-53 装饰艺术风格玻璃

< 图 4-54　装饰艺术风格卧室　　　　　　　　< 图 4-55　装饰艺术风格客厅

的运用上进行创新，对传统装饰艺术进行高度抽象的符号化，使历史装饰表达在现代建筑上，使二者恰当融合，如图4-54、图4-55所示。

随着建造技术的发展与提高，建筑高度不断攀上新高，对建筑设计的结构与材料都提出了更高的要求。在20世纪初，吸附着金属或是色彩装饰的摩天大楼被称作那个时代的摩登式装饰艺术。

（二）现代装饰艺术的应用

1. 家具

家具原材料的处理的方法是在木头或玻璃表面打磨十分光滑，显示华贵感。方形、菱形和三角形几何图案反复运用到造型中。家具表面材料多喜欢用光亮感材质，兽皮、鲨鱼皮、豹纹、斑马纹等质感的材料经常用作覆面材料，同时，配合镀铬的金属框架，即可成为装饰艺术风格的标志性家具。

2. 色彩

现代装饰艺术风格的室内设计，重视强烈的原色和金属色彩的应用，包括鲜红、鲜黄、鲜蓝、橘红等鲜艳的颜色和包括古铜、金、银的金属色色彩。

八、现代简约风格

现代主义设计最早起源于在包豪斯学派当时的历史背景之下，该学派打破常规去除多余的繁复的装饰，强调结构本身的美感，强调设计的出发点，是其所需要满足的功能性；其次才是美观方面的要求。无论是追求美丽的造型还是鲜明的色彩，其根本的目的是要更好地为空间服务。

（一）现代简约风格的设计手法

1. 借用自然景观

现代简约风格空间常把室外的自然景观引用到室内设计中，利用玻璃与木材、石材进行内外空间之间的对话。透明反射的材质也是现代风格设计中常常会使用到的素材之一，利用空间中灯光的流动性，及其反射材质来扩大空间；而透明材质的运用也可以把室外的景色"借"带室内使空间更加具有延伸性，如图4-56所示。

< 图 4-56　现代简约风格植物装饰　　　　< 图 4-57　几何肌理背景

< 图 4-58　现代简约风格餐厅 1

2. 几何线条及艺术肌理

现代简约风格一般会强调几何形体或者线条的美感。在室内人工光源的墙面造型，可以采用金属砖墙通过反射材质让光影成为空间的一个小景观，而通透的材质能让空间显得更加流畅，如图4-57所示。

3. 严谨的色彩搭配

现代简约风格的色彩搭配具有多变性。在室内空间设计中，要根据不同的空间属性进行不同的色彩搭配。现代简约风格的设计手法在色彩运用上相对简单，配合色块与色带的适度比例，更好的表达空间的流畅性，不会给空间环境带来压迫感，如图4-58所示。

4. 简洁的家具布置

在家具布置方面，现代简约风格的家具最大的特点是简洁明了、功能性强，尽量使用环保材料，去除没有使用功能的繁复装饰，减少浪费。

（二）现代简约风格的装饰元素

1. 色彩

黑色、白色、灰色，这类颜色是现代简约风格室内设计中常用到的颜色，在去除了大面积浮躁的颜色后，剩下的只有宁静；再配合点、线、面的灵活运用，营造出活泼的空间氛围，如图4-59、图4-60所示。

2. 家具

现代简约风格室内设计中家具的选择较为重要，因为合理地选择和搭配才能提升整个空间的舒适氛围。在造型方面线条要简洁流畅，颜色上面可以选择纯度较高的颜色，例如红色、黄色。洁白的墙面配上色彩鲜明的家具，会为整个空间增色不少，如图4-61、图4-62所示。

< 图 4-59　现代简约风格过廊

< 图 4-60　现代简约风格客厅

< 图 4-61　现代简约风格椅子

< 图 4-62　现代简约风格餐厅 2

3. 墙纸

墙纸在现代简约主义风格的室内设计中，更多使用在一个特定的区域内来活跃空间气氛，突出空间主题。在壁纸的选择方面，要符合整体的设计风格，如图4-63、图4-64所示。

4. 灯具

在灯具的选择和设置上抛开那些造型复杂繁琐的灯饰，选择那些虽是简洁的线

◄ 图 4-63　现代简约风格壁纸 1　　◄ 图 4-64　现代简约风格壁纸 2

◄ 图 4-65　现代简约风格灯具　　◄ 图 4-66　现代简约风格餐厅灯

条造型，但非常富有设计感的灯具。舒适的流线造型，柔和的灯光，能给室内创造一种安逸感，如图4-65、图4-66所示。

5. 装饰画

在空间的装饰画选择方面，可以选择无画框的现代派绘画作品，也可以选择带有简洁造型的画框作品，可以是不加装饰的纯色几何画框，内容可以是简单清新的小画面，不要求画面气势磅礴，画面虽小而精，会为室内增添一些活泼的气氛，如图4-67所示。

6. 地板或地砖

地砖具有耐磨防水等特点，在室内设计中经常被使用到。木地板脚感舒适，在卧室与书房可以选择铺设木质地板，现代简约主义风格室内设计中地板和地砖的合理搭配，才会使得房间整体风格统一，如图4-68、图4-69所示。

◀ 图 4-67 客厅装饰画

◀ 图 4-68 现代简约风格地板装饰

◀ 图 4-69 现代简约风格地砖装饰

◀ 图 4-70 现代简约风格地毯装饰 1

◀ 图 4-71 现代简约风格地毯装饰 2

7. 地毯

在现代简约主义风格的室内，由于整体色调比较淡雅，这时地毯可以起到强调房间整体色调的作用。地毯的舒适脚感和不同纹理质感可以突出一个房间特有的风格，如图4-70、图4-71所示。

九、田园风格

田园风格是早期开拓者、农夫、庄园主和商人们简单而朴实生活的真实写照，也是人类社会最基本的生活状态。田园风格不是简单地依靠家具和饰品的摆放就可以轻松做到的，它需要的是一种平和心境和一种淡泊的情怀。

1. 英式田园

英式田园的家具特点主要在华美的布艺及纯手工的制作，布面花色秀丽，多以纷繁的花卉图案为主。碎花、条纹、苏格兰图案是英式田园风格家具的永恒的基调。家具材质多使用松木、椿木，制作以及雕刻全是纯手工的，十分讲究。家具多以奶白色、象牙白等自然色为主，高档的桦木、楸木等做框架，配以高档的环保中纤板做内板，表面涂以高档油漆，造型优雅、线条细致，如图4-72所示。

2. 美式田园

美式田园风格又称为美式乡村风格，属于自然风格的一支，倡导"回归自然"，在室内环境中力求表现悠闲、舒畅、自然的田园生活情趣，也常运用天然木、石、藤、竹等材质质朴的纹理。巧于设置室内绿化，创造自然、简朴、高雅的氛围。美式田园风格有务实、规范、成熟的特点。如图4-73、图4-74所示。

◀ 图 4-72 英式田园风格碎花家具

< 图 4-73　美式田园风格客厅一角

< 图 4-74　美式田园风格客厅

< 图 4-75　中式田园阳台一角

< 图 4-76　中式田园客厅装饰

3. 中式田园

中式田园基调是丰收的金黄色，尽可能选用木、石、藤、竹、织物等天然材料装饰。软装饰上常有藤制品，有绿色盆栽、瓷器、陶器等摆设。中式风格的特点是在室内布置、线形、色调以及家具、陈设的造型等方面，吸取传统装饰"形""神"的特征，以传统文化内涵为设计元素，革除传统家具的弊端，去掉多余的雕刻，糅合现代西式家居的舒适，根据不同户型的居住，采取不同的布置，如图4-75、图4-76所示。

4. 韩式田园

韩式田园以纯净的象牙白为色调，附以幽雅实木雕花，宁静中的美丽透着天然的高贵与典雅，给人一种恬淡陶然的田园情怀再现精致浪漫的都市品质生活，演绎着韩式文化特有的浪漫纯真、和谐、宁静和自然，如图4-77、图4-78所示。

5. 南亚田园

南亚田园设计风格显得粗犷，但平和而容易接近，材质多为柚木，光亮感强，也有椰壳、藤等材质的家具，做旧工艺多，并喜做雕花，色调以咖啡色为主。南亚田园风格倡导"回归自然"，力求表现悠闲、舒畅、自然的田园生活情趣，如图4-79所示。

在南亚田园风格里，粗糙和破损是允许的，因为只有那样才更接近自然。南亚田园风格的用料崇尚自然的砖、陶、木、石、藤、竹等，越自然越好。不可遗漏的是，田园风格的居住还要通过绿化把居住空间变为"绿色空间"，如结合家具陈设等布置绿化，或者做重点装饰与边角装饰，还可沿窗布置，使植物融于居住，创造出自然、简朴、高雅的氛围，如图4-80、图4-81所示。

◀ 图4-77 韩式田园风格家具

◀ 图4-78 韩式田园风格客厅

◀ 图4-79 南亚田园风格客厅

❮ 图 4-80　南亚田园风格卧室

❮ 图 4-81　南亚田园风格庭院

 本章训练课题

① 根据所学内容，请阐述传统中式风格与新中式风格的异同。

② 请分析各式田园风格在色彩运用上的特点。

第五章

居住空间室内设计
的设计流程

我国居住空间设计流程发展尚未完善，处于摸索期，而且设计流程的研究涉及范围非常广泛，从管理学、项目管理学到艺术设计学，其理论与实践等都有涵盖。居住空间设计流程的管理是事与物、人与事、人与物的综合管理，其流程也愈来愈细，愈来愈严谨。室内设计是一个循环过程，从接受设计任务到完成设计目标到设计评估是一个串行交织的立体化过程。每一个过程都应该以设计为中心，明确从设计管理者到每个设计师在这个循环系统中所处的位置，准确完成与其设计任务，使设计顺利进入施工环节；在施工环节进行时，设计与施工应协调配合，控制好施工过程中对于设计质量的管理，究其与我国毗邻的日本相比，并通过实际案例分析结果，如图5-1所示。

另外，在设计过程中还需要运作好施工材料、设备等各个部门的整体配合；最后，在居住空间室内设计理论体系尚未完整的情况下，我们需要严格按照居住空间室内设计与住宅建筑设计标准开展设计工作，避免违规操作。整体设计流程为现场测量与记录、客户前期沟通、初期方案设计、设计方案确认与完善、预算、签订合同。

一、现场测量与记录

简单地说，量房就是客户带设计师到新房内进行实地测量，对房屋内各个房间的长、宽、高以及门、窗、空调、暖气的位置进行逐一测量，量房首先对装修的报价会产生直接影响。

不同设计师有不同的量房方法，其实只要准确地测量出业主的房型就实现了量房的目的。以下归纳几点以供参考。

① 巡视一遍所有的房间，了解基本的房型结构，对于特别之处要予以关注。

② 在纸上画出大概的平面(不讲求尺寸，这个平面只是用于记录具体的尺寸，但要体现出房间与房间之间的前后、左右连接方式)。

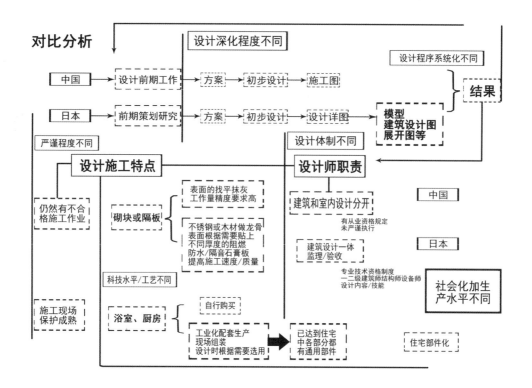

对比分析

设计深化程度不同

设计程序系统化不同

中国 → 设计前期工作 → 方案 → 初步设计 → 施工图

日本 → 前期策划研究 → 方案 → 初步设计 → 设计详图 → 模型 建筑设计图 展开图等 } 结果

严谨程度不同

设计施工特点

设计体制不同

设计师职责

仍然有不合格施工作业

砌块或隔板

表面的找平抹灰 工作量精度要求高

不锈钢或木材做龙骨 表面根据需要贴上 不同厚度的阻燃 防水/隔音石膏板 提高施工速度/质量

建筑和室内设计分开

中国

有从业资格规定 未严谨执行

建筑设计一体 监理/验收

日本

专业技术资格制度 一二级建筑师结构师设备师 设计内容/技能

社会化加生产水平不同

科技水平/工艺不同

施工现场保护成熟

浴室、厨房

自行购买

工业化配套生产 现场组装 设计时根据需要选用

已达到住宅 中各部分都 有通用部件

住宅部件化

❮ 图 5-1　中日两国设计对比分析图

③ 从进户门开始，一个一个房间测量，并把测量的每一个数据记录到平面中相应的位置上。

④ 按照上述方法，把房屋内所有的房间测量一遍。如果是多层的，为了避免漏测，测量的顺序要一层测量完后再测量另外一层，而且房间的顺序要从左到右。

⑤ 有特殊之处用不同颜色的笔标示清楚。

⑥ 在全部测量完后，再全面检查一遍，以确保测量的准确、精细。

值得注意的还有以下几个方面：厕所坐便器排污管离墙距离；配电箱距离周围物体的尺寸；门洞宽；梁下标高；空调孔的位置；上下水管道与裸露管道尺寸与预计装修方式；厨房烟管与煤气管位置与尺寸等，如图 5-2 ～图 5-7 所示。

❮ 图 5-2　注意管道的位置　　❮ 图 5-3　注意管道与窗口的位置　　❮ 图 5-4　注意梁的位置　　❮ 图 5-5　注意窗户的位置

< 图 5-6　注意烟道、风道的位置

< 图 5-7　注意下水洞口的位置

二、客户前期沟通

1. 创造融洽的气氛

作为室内设计师，第一次面对客户时，不要直接去推销设计理念，而是要把设计师本人推销出去，要想取得客户对你的充分信任，就必须给客户留一个好印象。首先，作为设计师个人在仪表仪态上要德重、大方而又不失品位，言行举止要体现出作为一名室内设计师应有的自信。其次，主动热情招待客户，热情的招呼比冷言冷语能取得事半功倍的效果。再次，首次与客户沟通，一般情况下无论是和客户谈什么，房子也好，家具也好，工作也好，我们的目的应该是如何利用第一次短暂的接触尽快和客户做朋友，取得客户的信任。

2. 沟通的内容

首次与客户沟通的过程中应围绕以下内容进行：①了解客户是否已拿到了新房的钥匙；②房屋的自然情况(包括地理位里、使用面积、物业情况、新旧房、是买房还是单位分房等)；③客户情况(客户职业、爱好、收入、家庭成员、年龄、特殊嗜好、生活习惯、特殊家私、避讳事宜、宗教信仰等)；④讨论家庭中人员构成及各成员希望居住于哪个房间里；⑤与客户讨论每间居室的功能与布局；⑥整体上喜欢什么风格(如中式、西式、古典的、现代的等)；⑦是否有喜欢或不喜欢的材料、颜色、造型与布局等；⑧准备选购的家具及原有家具的款式、材料、颜色；⑨现有或准备添置设备的规格、型号和颜色；⑩冰箱、洗衣机、电脑、电视、音响、电话等摆放位置是否有特殊要求；⑪预计投入的资金情况。

3. 沟通的形式

①首次与业主沟通不适合单刀直入地谈设计、谈理念，而是在触洽的气氛中，尽快取得对方的信任，通常以聊家常的形式让客户开口。设计师要灵活多变，恰当地转移或提出新的话题。②在首次与客户沟通的过程中，如果客户带上他的房屋平面图，那是最好不过的，可以听听他对自己房子的看法，这一点是设计师获得很有用的设计依据之一。但在这一环节上有时客户会说，"我也不知该怎么做，你看着做"，这种情况下可能是在考验设计师，同时设计师的手绘图在这时会起到很大作用，也是展示实力的时候。

三、初期方案设计

1. 准设计阶段

设计前期工作就其工作方式来说，是一种收集、掌握第一手资料及其对这些资料的研究过程。因此，这一阶段的设计思维方法主要是运用逻辑思维对资料进行分析与综合，以便得出一个对下一步具体设计的指导性意见。室内设计师对这些准备工作做得越充分，在下一步着手设计时，就越主动。因此，这一阶段的工作不可疏忽大意。

2. 分析阶段

平面功能分析的任务是将任务书提出的若干空间有机地组成一个有序的、相互紧密结合在一起的功能体系。这个功能体系的建立需要设计者运用逻辑思维方法进行抽象的、概念的图示表达过程。此时，设计者关心的不止是房间的平面形状、面积大小，而是各个房间之间的配置关系，并用线和符号表示彼此之间的关系就是功能分析图，甚至可以利用手绘图来展现设计师的实力并且能让客户更加直观的了解空间关系及最终呈现效果，如图5-8～图5-13所示。

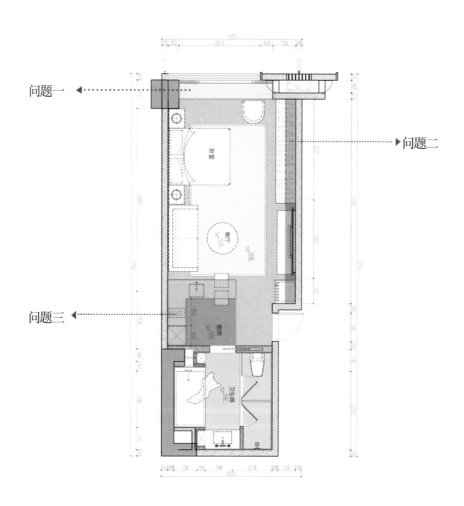

◀ 图 5-8　方案分析（单位：mm）

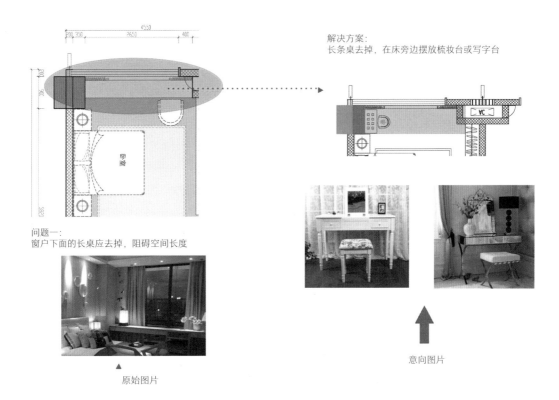

解决方案：
长条桌去掉，在床旁边摆放梳妆台或写字台

意向图片

问题一：
窗户下面的长桌应去掉，阻碍空间长度

原始图片

< 图5-9 分析方案解决问题1

问题二：衣柜尺寸过宽、过深，背景墙尺寸过短

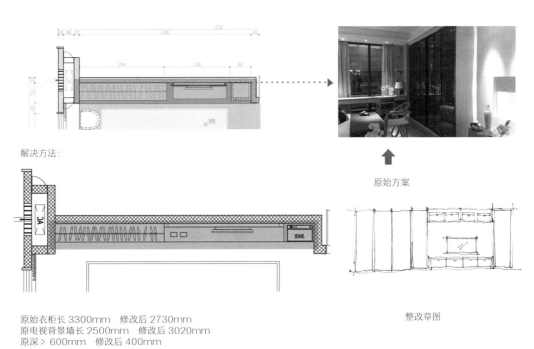

原始方案

解决方法：

整改草图

原始衣柜长 3300mm 修改后 2730mm
原电视背景墙长 2500mm 修改后 3020mm
原深 > 600mm 修改后 400mm

< 图5-10 分析方案解决问题2

问题三：橱柜设计不合理

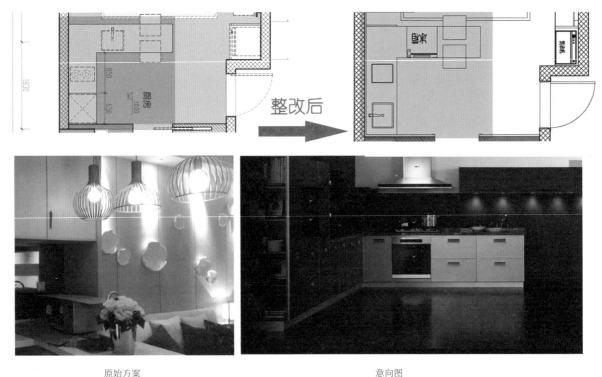

原始方案   意向图

< 图5-11   分析方案解决问题3

< 图5-12   分析方案解决问题4   < 图5-13   分析方案解决问题5

四、设计方案确认与完善

在和业主确定好初步设计方案、签完协议之后开始绘制施工图，达到初步设计的具体化，对初步设计的细节绘制详细图纸，并达到工程预算的要求。

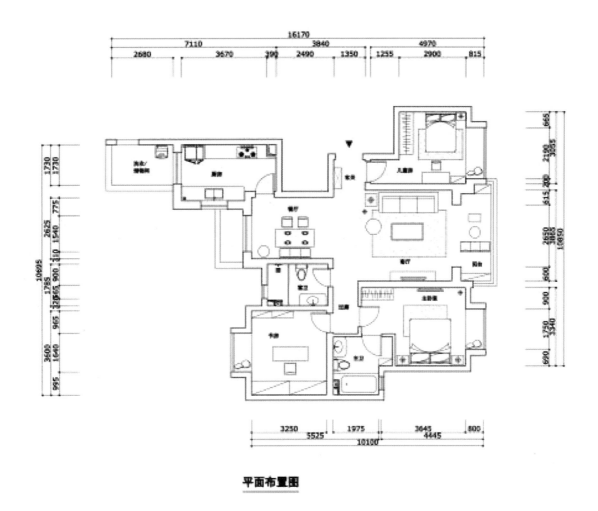

平面布置图

< 图 5-14　某居室平面图（示意）

1. 平面图

室内平面图是假设经过门窗洞口将房屋沿水平方向剖切后去掉上面部分后而画出的水平投影图。它反映的内容主要有：一是房间的平面结构形式、平面形状；二是门窗的位置、开启方式及墙柱的断面形状；三是室内家具、设施(如电器、卫生间设备等)、织物、摆设、绿化、地面铺设等的平面具体位置；四是上述各部分的尺寸、图示符号、房间名称及附加文字说明(各部位所用材料名称、规格、色彩)，如图5-14所示。

2. 天花图

天花图，又叫顶面图，通常指顶棚镜像投影平面图，其所绘内容主要为顶棚的造型和吊灯及其他灯具的类型、形式、位置和详细尺寸等，如图5-15所示。

3. 立面图

立面图是指从正对着方向看到的形状，房屋长、高、层数、门、窗、各种装饰线，只绘出看得见的轮廓线。它所反映的内容为室内家具、陈设和一些嵌入项目如何靠墙以及它们的竖向空间关系；房间围护结构(如顶棚、墙壁)的构造形式；各部分的详细尺寸、图示符号和附加文字说明，如图5-16所示。

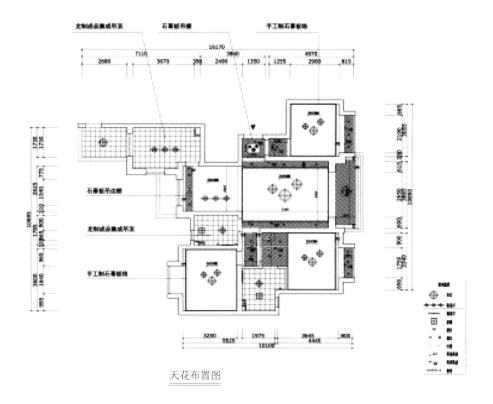

天花布置图

◀ 图 5-15　某居室天花图（示意）

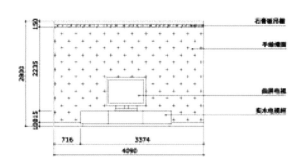

客厅电视背景墙立面方案

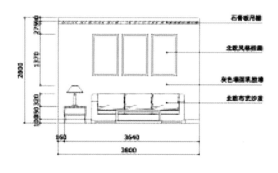

客厅沙发背景墙立面方案

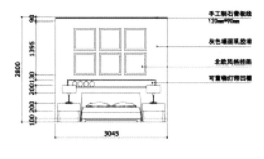

主卧床头背景墙立面方案

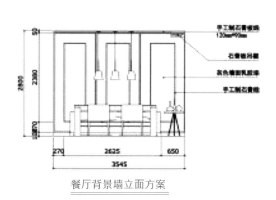

餐厅背景墙立面方案

◀ 图 5-16　某居室立面图（示意）

图 5-17　某居室餐厅效果图（田强）　　　　　图 5-18　某居室客厅效果图（田强）

4. 效果图

室内效果图是指在室内设计方案的完成最后过程中用以表达设计师的设计构思及意图，或向甲方展示设计结果的表现性绘画。这种效果图是对未来设想空间的一种预示，也是设计者创作思维结果的呈现。这一类的表现图与一般画家和设计师为收集创作素材和训练表达能力而进行写生有所不同，因为它的创作过程是一种"有计划的预想"的表达过程，故常常有人将其称之为"室内设计预想图"或"室内效果图"。它是建筑画的一个重要门类，同样也是建立在科学和客观地表达空间关系的现代透视学基础之上的一种绘画方法，如图5-17、图5-18所示。

5. 设计说明

设计说明是进行室内设计的指导性文件，对于不同要求的室内设计项目，设计说明的详尽程度差别很大，一般包括以下几部分：①项目名称；②项目地点；③项目内容；④项目要求；⑤项目标准；⑥设计周期。

五、预算

根据设计施工图、设计说明以及建材等制作的工程造价书，也可称为详细预算。工程款收费主要由以下几项组合而成。

人工费：参考本市家庭居室装饰工程人工费指导价执行。

管理费：基价(1000 元/m^2) × 套内面积 × 50%(别墅基价 1000 元/m^2)。

税金 (客户承担部分)：人工费 ×3.41%。

具体预算细节示例如表5-1、表5-2所示。

六、签订合同

双方签订合同并根据合同规定审核施工单位递交的付款通知单，包括应付款项、金额。在支付工程进度款时，要核实工程完成量。确认后方可办理支付证明（注：各公司规定不同，具体请参照公司统一合同标准以确保双方利益）。

签订合同的参考流程为签单服务、工程施工、竣工验收、售后服务。

表5-1　施工工程基本预算说明示例

施工工程明细表

工程地址：	建筑面积：	客户姓名：	电话：	设计师：

备注说明：

　　1.为了维护您的权益，请您不要接受任何口头承诺，任何口头承诺均属无效

　　2.装修许可证及抵押金，施工人员入园证及押金等相关费用、事宜由甲方负责

　　3.施工项目以此工程明细表为准，未包含项目均由甲方提供或甲方委托乙方代购，效果图为辅助参考

　　4.全市唯一1：1模拟专业放线系统需甲乙双方到场确认施工标准，乙方日后所有施工以放线为准，因甲方原因造成施工二次改动，所发生费用由甲方承担

　　5.此施工项目内不含网络宽带进户、可视对讲移位(由小区物业负责)、煤气主管线改造(由煤气公司负责)、水钻打孔

　　6.鉴于客户安全和国家施工规范要求，乙方不负责承重墙拆改/配电箱/水表/上下水主管道/烟道及排风道改造。如甲方强制要求乙方拆改，需签定相关协议，乙方只负责施工不承担任何相关责任及处罚。如需复原，甲方自行承担费用

　　7.如园区无包园现象或住宅电梯不可用，项目中(沙子、水泥、红砖、夹心板、石膏粉、腻子粉等材料搬运上楼，残土搬运下楼)产生的搬运费、吊装费全部由甲方负责。如园区有包园，乙方力工砸墙费用已收情况下，按实际收取费用全额退还甲方，力工砸墙由甲方负责

　　8.园区进不去车情况下，发生二次搬运时一次性增加300元园区搬运费。乙方负责将垃圾运至小区指定地点，如需运出小区，所发生费用由甲方承担

　　9.如甲方要求乙方铺设波化砖上墙及仿古砖，需要瓷砖粘贴剂及厂家加工费用时，由甲方负责。如甲方购砖不确定产品尺寸规格，应按实际购砖规格补齐预算差额后，乙方再进行施工(详见瓷砖铺设工艺做法及材料说明)

　　10.施工中室内铺设地板位置如改铺地砖或发现原始地面不符合地板铺设条件需要地面找平时，其费用另计，由甲方先行支付再行施工

　　11.施工中甲方定制成品门情况下，如需要门口夹心板木基层处理，其费用另计，由甲方先行支付再行施工

　　12.施工中如发生增项，需甲方与乙方签订施工增减项变更单，交付增项款后，再行施工。如发生减项，减项额度不能超出总工程款5%。如超出，甲方需交付乙方该减项款的30%违约金，再行施工

　　13.甲方按合同内工程进度付款，若甲方延期付款，乙方有权停止施工，乙方不承担因此所引起的工期延误及各种责任和损失。甲方须将全部工程款项结清后，可享受乙方提供保洁一次及保修，否则乙方有权不予保洁及保修

　　14.甲方交付工程款及相关款项需要有乙方正式收据作为凭证，否则视为无效

　　15.甲方签署后，表示对此工程明细表的价格、工艺及各条款认可，并自愿承担相关法律责任

　　16.所有工程项目施工结束，甲乙双方清算增减项目交尾款后，甲方到乙方处开发票并补交7.1%税金。最终解释权归××××所有

甲方确认：	乙方确认：

表5-2 某居室过道预算示例

施工部位：过道（含两卧之间）						
序号	项目	单位	数量	单价	金额	备注
1	原墙体建筑大白铲除	m²		2	0	A：铲除原墙皮大白人工费。B：仿瓷大白不需铲除。C：如仿瓷大白、非亲水性涂料铲除为10元/m²。按展开面积计算。原墙体工业大白环保指数不达标
2	界面剂滚涂处理	m²		3	0	A：人工费。B：专用界面剂滚涂一遍。增加附着力
3	抗裂宝墙面找平	m²		6	0	A：人工费。B：专用抗裂宝找平（找平厚度不超过5mm）。超过5mm费用另计，允许有5mm以内误差
4	毛坯墙抗裂宝墙面找平	m²		8	0	A：人工费。B：专用抗裂宝找平（找平厚度不超过5mm）。超过5mm费用另计，允许有5mm以内误差
5	批刮抗菌宝	m²		8	0	A：人工费。B：专用抗菌宝批刮两遍。C：石膏板造型部分，采用抗裂宝处理接缝，表面粘施工乐绷带加固，整体砂纸打磨
6	整体墙棚面砂纸打磨处理	m²		2	0	A：人工费。B：整体墙棚面砂纸打磨处理。使整体墙棚表面光滑、平整，易于后期乳胶漆施工，达到最佳处理效果
7	阴阳角找直处理	m		2	0	A：人工费。B：人工弹线测出参照点，铝方管模型固定。C：阳角采用装饰独有阳角找直模具，保证所有阳角横平竖直
8	接缝王	项		0	0	赠送项目，特有施工项目，所有接缝处用专业接缝王衔接，最大程度上保证墙体大白不开裂
9	最佳墙面处理	m²		40	0	A：整体墙面满铺贴的确良布，做到墙面一体化。B：人工费。C：专用抗裂宝找平（找平厚度不超过5mm）。D：专用抗菌宝批刮两遍，打磨平整。E：石膏板造型部分，采用抗裂宝处理接缝，表面粘施工乐绷带加固，整体砂纸打磨
10	乳胶漆（××防霉护色五合一乳胶漆）	m²		9.8	0	A：××防霉护色五合一乳胶漆滚刷两遍。B：此报价限整套居室内赠送面积15 m²以内浅色系漆一组，每增加一组手调浅色系漆另加100元/色。C：重色系漆需电脑调色，此费用由甲方自行支付。规格：18L
11	乳胶漆（××环保内墙漆）	m²		18	0	A：××环保内墙漆滚刷两遍。B：此报价限整套居室内赠送面积15 m²以内浅色系漆一组，每增加一组手调浅色系漆另加100元/色。C：重色系漆需电脑调色，此费用由甲方自行支付。规格：18L
12	乳胶漆（××环保全效内墙漆）	m²		21	0	A：××环保全效内墙漆滚刷两遍。B：此报价限整套居室内赠送面积15 m²以内浅色系漆一组，每增加一组手调浅色系漆另加100元/色。C：重色系漆需电脑调色，此费用由甲方自行支付。规格：5L
13	乳胶漆（××环保内墙漆）	m²		21	0	A：××环保内墙漆滚刷两遍。B：此报价限整套居室内赠送面积15 m²以内浅色系漆一组，每增加一组手调浅色系漆另加100元/色。C：重色系漆需电脑调色，此费用由甲方自行支付。规格：5L
14	单处石膏板吊平棚	项	1.00	240	240	A：木方（规格22mm×38mm）做底龙骨。B：9.5mm洛斐尔纸面石膏板，表面自攻钉固定。C：石膏板接缝处填接缝王，粘施工乐绷带加固。立面高度超过200mm按展开面积计算。轻钢龙骨做底龙骨加收25元/m²
15	单处石膏板叠级造型吊棚	项	1.00	300	300	A：木方（规格22mm×38mm）做底龙骨。B：9.5mm洛斐尔纸面石膏板，表面自攻钉固定。C：石膏板接缝处填接缝王，粘施工乐绷带加固。立面高度超过200mm按展开面积计算。轻钢龙骨做底龙骨加收25元/m²

施工部位：过道（含两卧之间）

序号	项目	单位	数量	单价	金额	备注
16	石膏板吊平棚	m²		120	0	A：木方（规格22mm×38mm）做底龙骨。B：9.5mm洛斐尔纸面石膏板，表面自攻钉固定。C：石膏板接缝处填接缝王，粘施工乐绷带加固。立面高度超过200mm按展开面积计算。轻钢龙骨做底龙骨加收25元/m²
17	石膏板吊边棚（宽度300mm以内）	m		80	0	A：木方（规格22mm×38mm）做底龙骨。B：9.5mm洛斐尔纸面石膏板，表面自攻钉固定，宽度300mm以内。C：石膏板接缝处填接缝王，粘施工乐绷带加固。立面高度超过200mm按展开面积计算。轻钢龙骨做底龙骨加收25元/m²
18	石膏板吊边棚（宽度500mm以内）	m		100	0	A：木方（规格22mm×38mm）做底龙骨。B：9.5mm洛斐尔纸面石膏板，表面自攻钉固定，宽度500mm以内。C：石膏板接缝处填接缝王，粘施工乐绷带加固。立面高度超过200mm按展开面积计算。轻钢龙骨做底龙骨加收25元/m²
19	石膏板吊曲线边棚（宽度500mm以内）	m		110	0	A：木方（规格22mm×38mm）做底龙骨。B：9.5mm洛斐尔纸面石膏板，表面自攻钉固定，宽度500mm以内。C：石膏板接缝处填接缝王，粘施工乐绷带加固。立面高度超过200mm按展开面积计算。轻钢龙骨做底龙骨加收25元/m²
20	石膏板叠级造型吊棚	m²		135	0	A：木方（规格22mm×38mm）做底龙骨。B：9.5mm洛斐尔纸面石膏板，表面自攻钉固定。C：石膏板接缝处填接缝王，粘施工乐绷带加固。立面高度超过200mm按展开面积计算。轻钢龙骨做底龙骨加收25元/m²
21	石膏板曲线造型吊棚	m²		170	0	A：木方（规格22mm×38mm）做底龙骨。B：9.5mm洛斐尔纸面石膏板，表面自攻钉固定。C：石膏板接缝处填接缝王，粘施工乐绷带加固。立面高度超过200mm按展开面积计算。限平面曲线造型棚。拱形造型加收100元/m²
22	石膏板穹顶造型吊棚	m²		270	0	A：木方（规格22mm×38mm）做底龙骨。B：9.5mm洛斐尔纸面石膏板，表面自攻钉固定。C：石膏板接缝处填接缝王，粘施工乐绷带加固
23	两卧之间石膏板吊平棚	m²		120	0	A：木方（规格22mm×38mm）做底龙骨。B：9.5mm洛斐尔纸面石膏板，表面自攻钉固定。C：石膏板接缝处填接缝王，粘施工乐绷带加固。立面高度超过200mm按展开面积计算。轻钢龙骨做底龙骨加收25元/m²
24	两卧之间石膏板叠级造型吊棚	m²		135	0	A：木方（规格22mm×38mm）做底龙骨。B：9.5mm洛斐尔纸面石膏板，表面自攻钉固定。C：石膏板接缝处填接缝王，粘施工乐绷带加固。立面高度超过200mm按展开面积计算。轻钢龙骨做底龙骨加收25元/m²
25	两卧之间石膏板曲线造型吊棚	m²		170	0	A：木方（规格22mm×38mm）做底龙骨。B：9.5mm洛斐尔纸面石膏板，表面自攻钉固定。C：石膏板接缝处填接缝王，粘施工乐绷带加固。立面高度超过200mm按展开面积计算。限平面曲线造型棚。拱形造型加收100元/m²
	小计				540	

本章训练课题

① 在给客户进行方案设计过程中，都需要准备哪些工作？请举例说明。

② 在与客户进行沟通时，需要注意哪些方面的因素？请举例说明。

第六章
居住空间室内设计的材料与工艺

第一节　**居住空间装饰材料**

居住空间装饰材料是指用于居住空间内部顶棚、墙面、柱面、地面等的罩面材料。现代居住空间装饰材料，不仅能改善室内的环境，使人们得到美的享受，同时还兼具绝热、防潮、防火、吸声、隔声等多种功能，起着保护建筑物主体结构、延长其使用寿命以及满足使用者感官需求的作用，是现代居住空间装饰的依托。

一、顶棚装饰材料

通过顶棚装饰材料和建筑形式组合以充分利用房间顶部结构特点及室内净空高度，通过平面或立体设计，形成具有功能与美学相统一的建筑装饰效果。常用的顶棚装饰板有木质装饰板、纸面石膏板、硅钙板、嵌装式装饰石膏板、防火珍珠岩石膏板、膨胀珍珠岩装饰吸声板、矿棉装饰吸声板、PVC扣板、铝合金扣板等。

1. 木质装饰板

木质装饰板是利用天然树种装饰单板或人造木质装饰单板通过精密刨切或旋切加工方法制得的薄木片，贴在基材上，采用先进的胶粘工艺，经热压制成的一种高级装饰板材。按材质分类，装饰板可分为天然木质贴面和人造木质贴面：天然木质单板贴面天然木质花纹，纹理图案自然，变异性比较大，无规则，无人工造作，真实感和立体感强，被人们广泛使用于室内装修中；人造木质贴面

< 图 6-1　木质装饰板装饰式样

< 图 6-2　纸面石膏板式样

的纹理基本为通直纹理，纹理图案有规则，因其表面较耐磨、耐清洗、不怕水，使用范围正在不断扩大，如图6-1所示。

2. 纸面石膏板

以建筑石膏为主要原料，掺入适量添加剂与纤维做板芯，以特制的板纸为护面，经加工制成的板材。纸面石膏板具有重量轻、隔声、隔热、加工性能强、施工方法简便的特点，如图6-2所示。

3. 硅钙板

又名石膏复合板，是一种多元材料，一般由天然石膏粉、白水泥、胶水、玻璃纤维复合而成，具有防火、防潮、隔声、隔热等性能。在室内空气潮湿的情况下能吸附空气中水分子，空气干燥时，又能释放水分子，可以适当调节室内干、湿度，增加舒适感。天然石膏制品又是特级防火材料，在火焰中能产生吸热反应，同时释放出水分子阻止火势蔓延，而且不会分解产生任何有毒的、侵蚀性的、令人窒息的气体，也不会产生任何助燃物或烟气。同为石膏材料，硅钙板与纸面石膏板相比较，在外观上保留了纸面石膏板的美观；重量方面大大低于纸面石膏板，强度方面远高于纸面石膏板；彻底改变了纸面石膏板因受潮而变形的致命弱点，数倍地延长了材料的使用寿命；在消声息音及保温隔热等功能方面，也比纸面石膏板有所提高，在防火方面也胜过矿棉板和纸面石膏板，如图6-3所示。

4. 嵌装式装饰石膏板

以建筑石膏为主要原料，掺入适量的纤维增强材料和外加剂，与水一起搅拌成均匀料浆，经浇注成型、干燥而成的不带护面纸的板材。板材背面四边加厚，并带有嵌装企口，板材正面可为平面、带孔或带浮雕图案。这种吊顶一改往日浇注石膏板吊顶单调呆板、档次低的形象，在吊顶层面上出现丰富的高低变化、雅致的结构造型和协调的花纹配合，给人以豪华、典雅、耳目一新的感觉。嵌装式装饰石膏板的规格为：边长600mm×600mm，边厚大于28mm；边长500mm×500mm，边厚大于25mm，如图6-4所示。

5. 防火珍珠岩石膏板

按其所用胶黏剂不同可分为水玻璃珍珠岩吸声板、水泥珍珠岩吸声板、聚合物珍珠岩吸声板、复合吸声板等。它具有重量轻、装饰效果好、防水、防潮、防蛀、耐酸、施工方便、可锯割等优点，适用于居室、餐厅的音质处理及顶棚和内墙装饰，如图6-5所示。

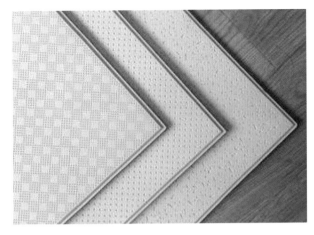

◀ 图6-3 硅钙板式样

◀ 图6-4 嵌装式装饰石膏板式样

6. 膨胀珍珠岩装饰吸声板

膨胀珍珠岩装饰吸声板具有吸声、质轻、保温、隔热、防火、防潮、防腐蚀、不变形、不发霉、安装方便、价格低廉等特点，由于在板内部形成互不连通的微孔结构，从而使声音衰减。吸声板内部结构、饰面、压洞、压花都具有在嘈杂环境中对高、中、低频噪声的吸收作用，是一种较好的顶棚材料，如图6-6所示。

7. 矿棉装饰吸声板

矿棉装饰吸声板具有显著的吸声性能，同时它也具备许多其他优越性能，如防火、隔热，由于其密度低，可以在表面加工出各种精美的花纹和图案，因此具有优越的装饰性能。矿棉对人体无害，而废旧的矿棉吸声板可以回收作为原材料进行循环利用，因此矿棉吸声板是一种健康环保、可循环利用的绿色建筑材料，如图6-7所示。

8. PVC扣板

PVC扣板吊顶材料，是以聚氯乙烯树脂为基料，加入一定量抗老化剂、改性剂等助剂，经混

◀ 图6-5 防火珍珠岩石膏板式样

◀ 图6-6 膨胀珍珠岩装饰吸声板式样

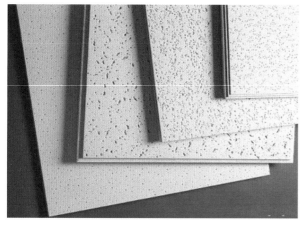
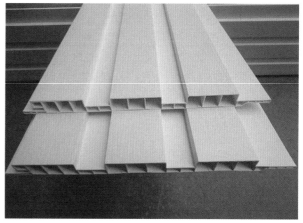

❮ 图6-7 矿棉装饰吸声板式样　　　　　　　❮ 图6-8 PVC扣板式样

炼、压延、真空吸塑等工艺而制成的。这种PVC扣板吊顶特别适用于厨房、卫生间的吊顶装饰，具有质量轻、防潮湿、隔热保温、不易燃烧、不吸尘、易清洁、可涂饰、易安装、价格低等优点，如图6-8所示。

9. 铝扣板

轻质铝板一次冲压成型，外层再用特种工艺喷涂塑料，使得色彩艳丽丰富，是长期使用也不褪色的装饰材料。铝扣板的特点是防火、防潮，还能防腐、抗静电、吸声、美观、变形小、便于清洁，适用于厨房、卫生间等潮湿、高温的环境，在施工上有自重轻、构造简单、组装灵活、安装方便的特点，如图6-9所示。

10. 彩绘玻璃

将色彩、图案、各类艺术绘画、影像绘制或印刷在玻璃或有机玻璃上，用于吊顶装饰的材料称为彩绘玻璃。这类吊顶通常与各类光源配合使用，为避免灯光的热量影响，所以材料多选用玻璃而少用易老化的有机玻璃，设计上多用发光玻璃顶棚来减少空间的压抑感，在旧房型中对狭小卫生间的顶棚也常采用此手法。如今，随着对人们家庭装饰艺术的要求越来越高，彩绘玻璃顶棚彩绘内容的多样性体现在配合设计风格，创造居室个性化文化氛围。施工时，做法与明龙骨块型板材吊顶相同，即由主

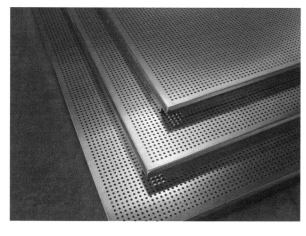

❮ 图6-9 铝扣板及结构示意　　　　　　　❮ 图6-10 彩绘玻璃吊顶

龙骨承重,次龙骨承托玻璃板材。需注意的是：① 玻璃自重较大，承托的龙骨一定要有足够的强度；② 玻璃放置一定要保证平直，接口严密，防止玻璃意外坠落造成伤害，如图6-10所示。

二、墙面装饰材料

墙面装饰材料，应用于墙面起防护、装饰的材料，是建筑装饰材料中不可或缺的一部分。墙面材料可以分为涂料、陶瓷、石材、壁纸、墙布、泥类、人造装饰板等常见类型。

1. 乳胶漆

乳胶涂料的俗称，是以丙烯酸酯共聚乳液为代表的一大类合成树脂乳液涂料。乳胶漆是水分散性涂料，它是以合成树脂乳液为基料，以水为分散介质，加入颜料、填料（亦称体质颜料）和助剂，经一定工艺过程制成的涂料。乳胶漆具备了与传统墙面涂料不同的众多优点，如易于涂刷、干燥迅速、漆膜耐水、耐擦洗性好等，如图6-11所示。

2. 水溶性涂料

以水溶性合成树脂为主要成膜物质，水为稀释剂，加入适量的颜料、填料及辅助材料等，经研磨而成的一种涂料。优点是价格便宜、无毒、无臭，施工方便；缺点是不耐水、不耐碱、涂层受潮后容易剥落，只能平涂，多为中低档居室或临时居室室内墙装饰选用，如图6-12所示。

3. 多彩涂料

主要应用于仿造石材涂料，所以又称液态石，也叫仿花岗岩外墙涂料，是由不相容的两相成分组成，其中一相分散介质为连续相，另一相为分散相，涂装时，通过一次性喷涂，便可得到豪华、美观、多彩的图案。优点是比较受市场欢迎，一次喷涂可以形成多种颜色花纹；缺点是价格较贵，容易被刮花，如图6-13所示。

4. 釉面砖

釉面砖是一种砖的表面经过施釉高温高压烧制处理的瓷砖，这种瓷砖由土坯和表面的釉面两个部分构成，主体又分陶土和瓷土两种，陶土烧制出来的背面呈红色，瓷土烧制的背面呈灰白色。釉面砖表面可以做各种图案和花纹，比抛光砖色彩和图案丰富，因为表面是釉料，所以耐磨性不如抛光砖。釉面砖的色彩图案丰富、规格多、清洁方便、选择空间大，适用于厨房和卫生间。釉面砖的表面强度高，可作为墙面和地面两用。釉面砖的优点有防渗、不怕脏，防滑度高，可无缝拼接，任

◀图 6-11　乳胶漆　　　　　　　　　　　　　　◀图 6-12　水溶性涂料

意造型，韧度非常好，基本上不会发生断裂等现象，且具备耐急冷急热的特性，如图6-14所示。

5. 文化石

文化石，学术名称铸石（Cast Stone），被定义为"精致的建筑混凝土建筑单元制造，模拟自然切开取石，用于单位砌筑应用"。天然文化石从材质上可分为沉积砂岩和硬质板岩。人造文化石产品是以水泥、沙子、陶粒和无机颜料经过专业加工以及特殊的蒸养工艺制作而成。它拥有环保节能、质地轻、强度高、抗融冻性好等优势，一般用于建筑外墙或室内局部装饰，如图6-15所示。

6. 纺织物壁纸

壁纸中较高级的品种，主要是用丝、羊毛、棉、麻等纤维织成。质感佳、透气性好，用它装饰居室，给人以高雅、柔和、舒适的感觉。其中无纺壁纸是用棉、麻等天然纤维或涤、腈合成纤维，经过无纺成型、上树脂、印制彩色花纹而成的一种高级饰面材料。其特性是挺括、不易撕裂、富有弹性，表面光洁，又有羊绒毛的感觉，而且色泽鲜艳、图案雅致、不易褪色，具有一定的透气性，可以擦洗。锦缎墙布是更为高级的一种，缎面织有古雅精致的花纹，色泽绚丽多彩，质地柔软，裱糊的技术性和工艺性要求很高。其价格较贵，多用于室内高级装饰，如图6-16所示。

7. 天然材料壁纸

环保型壁纸，不含氯乙烯等有害分子，燃烧生成的是二氧化碳和水。由于木纤维和木浆等材料具有呼吸功能，因此其具有良好的透气性，防潮及防霉变性能也良好。另外，天然材料壁纸可重复粘贴，不容易出现褪色、起泡翘边现象，产品更新无需将原有墙纸铲除（凹凸纹除外），可直接张贴在原有墙纸上，并得到双重墙面保护，如图6-17所示。

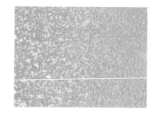
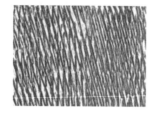

◁ 图6-13　多彩涂料示例

◁ 图6-14　釉面砖

◀ 图 6-15 文化石

◀ 图 6-16 纺织物壁纸

◀ 图 6-17 天然材料壁纸

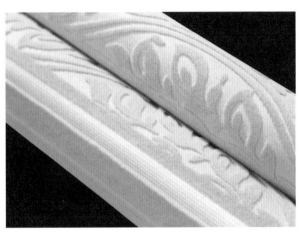

◀ 图 6-18 绒面壁纸

8. 绒面壁纸

将短纤维粘在纸基上，从而产生出好质感的绒布效果。它的特点是有很好的丝质感，不会因为颜色的亮丽而产生反光，由于采用环保材料所以不会产生刺鼻的气味，绿色安全，纸基上的短纤维可以起到极佳的吸声效果。在美观方面，花色繁多，适合不同年龄、不同地域、不同身份的消费者，可用于住宅、别墅、写字楼等高档场所，如图6-18所示。

9. 玻璃纤维壁布

玻纤壁布采用天然石英材料精制而成，集技术、美学和自然属性为一体，高贵典雅，返璞归真，其独特的欧洲浅浮雕的艺术风格是其他材料无法代替的。天然的石英材料造就了玻纤壁布环保、健康、超级抗裂的品质，各种编织工艺凸现了丰富的纹理结构，结合墙面涂饰的色彩变化，是现代家居装修必选的壁饰佳品。功能特点：环保、装饰性强、耐擦洗、可消毒，防霉、防开裂虫蛀、防火性强，应用广泛，如图6-19所示。

10. 硅藻泥

一种以硅藻土为主要原材料的内墙环保装饰壁材。其具有消除甲醛、净化空气、调节湿度、释放负氧离子、防火阻燃、墙面自洁、杀菌除臭等功能。硅藻泥净化空气，可以有效去除空气中的游

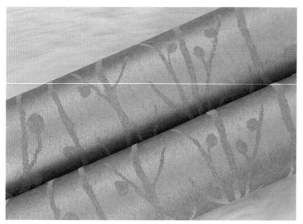

< 图 6-19　玻璃纤维壁布

< 图 6-20　硅藻泥

离甲醛、苯、氨等有害物质及因宠物、吸烟、垃圾所产生的气味。随着不同季节及早晚环境空气温度的变化，硅藻泥可以吸收或释放水分，自动调节室内空气湿度，使之达到相对平衡。由于硅藻泥自身的分子多孔结构，因此具有很强的降低噪声功能，可以有效地吸收对人体有害的高频音段，并具有衰减低频噪功能。其功效相当于同等厚度的水泥砂浆和石板的2倍以上，同时能够缩短50%的余响时间，大幅度地减少了噪声对人身的危害。它同时也是理想的保温隔热材料，具有非常好的保温隔热性能，其隔热效果是同等厚度水泥砂浆的6倍。硅藻泥不沾灰尘，不含任何重金属，不产生静电，浮尘不易附着，墙面永久清新。硅藻泥色彩柔和，选用无机矿物颜料调色。当人生活在

< 图 6-21　木质装饰人造板

涂覆硅藻泥的居室里时，墙面反射光线自然柔和，人不容易产生视觉疲劳。同时硅藻泥墙面颜色持久，使用高温着色技术，不褪色，增加了墙面的寿命，减少墙面装饰次数，节约了居室成本，如图6-20所示。

11. 木质装饰人造板

利用木材、木质纤维、木质碎料或其他植物纤维为原料，用机械方法将其分解成不同的单元，经干燥、施胶、铺装、预压、热压、锯边、砂光等一系列工序加工而成的板材。木质装饰人造板的主要品种有单板、胶合板、细木工板、纤维板和刨花板，是室内装饰和家具中使用最多的材料之一，如图6-21所示。

三、地面装饰材料

常见的地面装饰材料有木地板、石材、瓷砖等。由于这些装饰材料的材质存在差异，因此，在选择地面装饰材料时需要根据预算及装修风格来选择。地面装饰材料应具有：安全性、耐久性、舒适性、装饰性。

❮ 图 6-22　实木地板

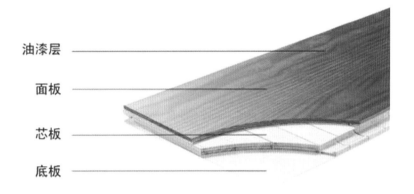

油漆层

面板

芯板

底板

❮ 图 6-23　三层实木复合地板结构示意图

1. 实木地板

实木地板指天然木材经烘干、加工后形成的地面装饰材料，又名原木地板。它具有木材自然生长的纹理，是热的不良导体，能起到冬暖夏凉的作用，脚感舒适，使用安全，是卧室、客厅、书房等地面装修的理想材料。优点是耐用性好、没有放射性，不含甲醛，脚感好、冬暖夏凉、美观自然；缺点是难保养、价格高，如图6-22所示。

2. 实木复合地板

由不同树种的板材交错层压而成，一定程度上克服了实木地板湿胀干缩的缺点，干缩湿胀率小，具有较好的尺寸稳定性，并保留了实木地板的自然木纹和舒适的脚感。实木复合地板兼具强化地板的稳定性与实木地板的美观性，而且具有环保优势。实木复合地板还具有易于打扫、耐磨性好、质量稳定、价格实惠、安装简单等特点，如图6-23所示。

3. 强化复合地板

由耐磨层、装饰层、基层、平衡层组成。耐磨层主要由三氧化二铝组成，有很强的耐磨性和硬度，一些由三聚氰胺组成的强化复合地板无法满足标准的要求；装饰层是一层经密胺树脂浸渍的纸张，纸上印刷有仿珍贵树种的木纹或其他图案；基层是中密度或高密度的层压板，经高温、高压处

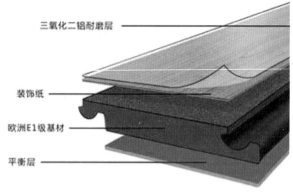

三氧化二铝耐磨层

装饰纸

欧洲E1级基材

平衡层

< 图6-24 强化复合地板　　　　　< 图6-25 强化复合地板结构示意图

理，有一定的防潮、阻燃性能，基本材料是木质纤维；平衡层是一层牛皮纸，有一定的强度和厚度，并浸以树脂，起到防潮防地板变形的作用。优点是耐磨耐刮、抗踩抗压，花色丰富、稳定性佳，适于地热，安装方便、保养简单，价格便宜，性价比高；缺点是舒适性差、装饰效果差、不够环保，如图6-24、图6-25所示。

4. 塑料地板

塑料地板按其使用状态可分为块材（或地板砖）和卷材（或地板革）两种。地板砖的主要优点：在使用过程中，如出现局部破损，可局部更换而不影响整个地面的外观。但接缝较多，施工速度较慢。地板革的主要优点：铺设速度快，接缝少。塑料地板按其材质可分为硬质、半硬质和软质（弹性）三种，软质地板多为卷材，硬质地板多为块材；按色彩可分为单色和复色两种，单色地板一般用新法生产，价格略高，约有10～15种颜色；按基本原料可分为聚氯乙烯（PVC）塑料、聚乙烯(PE)塑料和聚丙烯(PP)塑料等数种。由于PVC具有较好的耐燃性和自熄性，加上它的性能可以通过改变增塑剂和填充剂的加入量来变化，所以，目前PVC塑料地板使用面最广。塑料地板还具有价格低廉、装饰效果好、施工铺设方便、易于保养、使用寿命长等优点，并且其品种、花样、图案、色彩、质地、形状的多样化，能满足不同人群的爱好和各种用途的需要，如模仿天然材料等，如图6-26所示。

< 图6-26 塑料地板

5. 地板革

地板革是一种铺地材料，属于塑料制品，是以聚氯乙烯树脂为主要原料，加入适当助剂，在片状连续基材上经涂敷或压延等工艺生产的地板卷材，是现代居室装饰不可或缺的地面材料之一，厚度2.0mm以下，耐磨层一般小于等于0.1mm，属于软质地板。选择地板革产品应当因地制宜，根据房屋的空间和使用场所的大小决定产品的尺寸，同时要注意使用场所的不同，选择的图案也应有所不同。比如，在需要保持清洁的场所，就不能选择有浮凸效果的产品；在庄严肃穆的场所，就不宜选用色彩亮丽、杂乱的产品。塑料地板革以具有自重轻、有弹性、机械强度好、脚感舒适、耐磨、耐污、耐腐、隔热、隔声、防潮、吸水性小、绝缘性好、自熄、易清洁、施工简单、维修方便、价格低廉等优点，在大量民用建筑以及公共场所，对洁净要求较高的厂房、实验室内得到广泛应用。塑料地板革每卷长度在20 ～ 30m，宽度1500 ～ 2000mm，总厚度1.5(家用) ～ 2.0mm（公共建筑），如图6-27所示。

6. 竹木复合地板

竹木复合地板是竹材与木材复合再生的产物。它的面板和底板，采用的是上好的竹材，而其芯层多为杉木、樟木等木材。其生产制作要依靠精良的机器设备和先进的科学技术以及规范的生产工艺流程，经过一系列的防腐、防蚀、防潮、高压、高温以及胶合、旋磨等近40道繁复工序，才能制作成为一种新型的复合地板。其具有复合地板的耐磨、不易变形等特点，而且有实木竹地板的效果。竹木地板冬暖夏凉、防潮耐磨、使用方便，尤其是可减少对木材的使用量，起到保护环境的作用。但是由于地理位置、气候等原因，竹木复合地板在北方建材市场较少见到，消费者很少会选择此类地板，如图6-28所示。

7. 防腐木

将普通木材经过人工添加化学防腐剂之后，使其具有防腐蚀、防潮、防真菌、防虫蚁、防霉变以及防水等特性。国内常见的防腐木主要有两种材质：俄罗斯樟子松和北欧赤松。防腐木能够直接接触土壤及潮湿环境，经常使用在户外地板、工程、景观、防腐木花架等，供人们歇息和欣赏自然美景，是户外地板、园林景观、木秋千、娱乐设施、木栈道等的理想材料，深受园艺设计师的青睐，不过随着科学技术的发展，防腐木已经非常环保，故也经常使用在室内装修、地板及家具中。还有一种没有防腐剂的防腐木——深度炭化木，又称热处理木。炭化木是将木材的有效营养成分炭化，通过切断腐朽菌生存的营养链来达到防腐的目的，如图6-29所示。

❮ 图6-27 地板革

< 图 6-28　竹木复合地板

< 图 6-29　防腐木地面

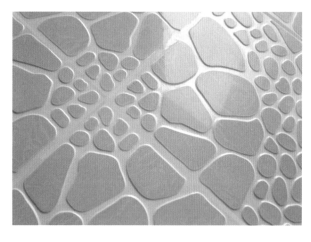
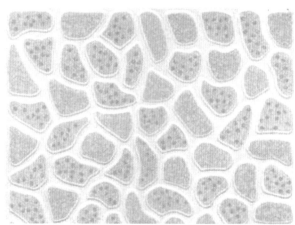

< 图 6-30　防滑砖

8. 防滑砖

一种陶瓷地板砖，正面有褶皱条纹或凹凸点，以增加地板砖面与人体脚底或鞋底的摩擦力，防止打滑摔倒。最常用于时常用水的空间，例如卫浴间和厨房，可以提高安全性，特别适合有老人和小孩的家庭，如图6-30所示。

9. 微晶石

将一层3～5mm的微晶玻璃复合在陶瓷玻化石的表面，经二次烧结后完全融为一体的高科技产品。微晶石厚度在13～18mm。优点是质地细腻柔和，性能优良，抗污染性强，维护方便，色彩丰富，应用范围广泛；缺点是划痕明显、易显脏、强度低，如图6-31所示。

10. 抛光砖

通体砖坯体的表面经过打磨而成的一种光亮的砖，属通体砖的一种。相对通体砖而言，抛光砖表面要光洁得多。抛光砖坚硬耐磨，适合在洗手间、厨房以外等室内空间中使用。在运用渗花技术的基础上，抛光砖可以做出各种仿石、仿木效果。优点是无放射元素、基本可控制无色差、抗弯曲强度大、砖体薄重量轻、防滑；缺点是表面很容易渗入污染物，如图6-32所示。

11. 玻化砖

瓷质抛光砖的俗称，是通体砖坯体的表面经过打磨而成的一种光亮的砖，属通体砖的一种。吸水率低于0.5%的陶瓷砖都称为玻化砖，抛光砖吸水率低于0.5%也属玻化砖（高于0.5%就只能是抛光砖不是玻化砖），然后将玻化砖进行镜面抛光即得玻化抛光砖，因为吸水率低的缘故，其硬度也相对比较高，不容易有划痕。玻化砖可广泛用于各种工程及家庭的地面和墙面，常用规格是400mm×400mm、500mm×500mm、600mm×600mm、800mm×800mm、900mm×900mm、1000mm×1000mm。结构特点：色彩艳丽柔和，没有明显色差；高温烧结、完全瓷化生成了莫来石等多种晶体，理化性能稳定，耐腐蚀、抗污性强；厚度相对较薄，抗折强度高，砖体轻巧，建筑物荷重减少；无有害元素，如图6-33所示。

12. 仿古砖

釉面瓷砖的一种，坯体为炻瓷质（吸水率3%左右）或炻质（吸水率8%左右），用于建筑墙地面，由于花色有纹理，类似石材贴面用久后的效果，行业内一般简称为仿古砖。仿古砖纯黏土烧制而成；具有透气性、吸水性、抗氧化、净化空气等特点，是房屋墙体、路面装饰的一款理想装饰材料。仿古砖是从彩釉砖演化而来，与瓷片基本是相同的，所谓仿古，指的是砖的效果，应该叫仿古效果的瓷砖，仿古砖并不难清洁，主要规格有：100mm×100mm、150mm×150mm、165mm×165mm、200mm×200mm、300mm×300mm、330mm×330mm、400mm×400mm、500mm×500mm、600mm×600mm，600mm×1200mm、900mm×1800mm，如图6-34所示。

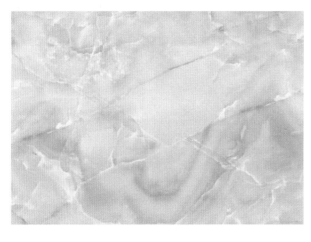
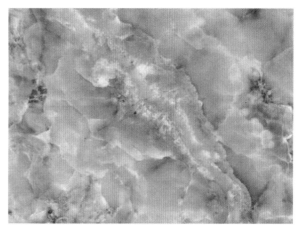

◀图6-31 微晶石

❮ 图 6-32　抛光砖地面

❮ 图 6-33　玻化砖

❮ 图 6-34　仿古砖

13. 大理石

　　原指产于云南省大理的白色带有黑色花纹的石灰岩，剖面可以形成一幅天然的水墨山水画，古代常选取具有成型的花纹的大理石用来制作画屏或镶嵌画。后来大理石这个名称逐渐发展成称呼一切有各种颜色花纹的、用来做建筑装饰材料的石灰岩。大理石磨光后非常美观，主要用于加工成各种形材、板材，作建筑物的墙面、地面、台、柱，还常用于纪念性建筑物如碑、塔、雕像等的材料，如图6-35所示。

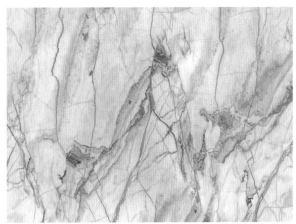

< 图6-35 大理石

14. 地毯砖

一种抛晶地毯砖，融拼花抛光砖、马赛克以及艺术地毯三者的长处于一体，既吸纳了地毯丰富多彩的图纹造型，又在砖体表面进行了柔性抛釉和马赛克处理。这种新型瓷砖比传统拼花抛光砖色泽更饱满、防滑性能更佳，比马赛克光泽度更高，更耐腐蚀、耐酸碱；比普通地毯清洁起来更方便，更耐磨，使用寿命更长，立体装饰效果也十分不错，如图6-36所示。

15. 钢化玻璃

一种预应力玻璃，属于安全玻璃。为提高玻璃的强度，通常使用化学或物理的方法，在玻璃表面形成压应力，玻璃承受外力时首先抵消表层应力，从而提高了承载能力，增强玻璃自身抗风压性、寒暑性、冲击性等，如图6-37所示。

16. 水磨石饰面

水磨石有很好的耐磨性能，并有一定的耐酸碱度，表面光亮美观，可以按设计要求制成各种花饰图案，满足建筑物的使用功能及艺术上的要求。因此，水磨石多用于建筑装饰，如楼地面、墙裙、踢脚板、楼梯踏步、窗台板、隔断板、阳台栏板以及水池、水槽等，如图6-38所示。

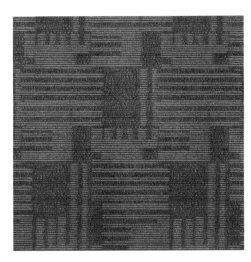

< 图6-36 地毯砖

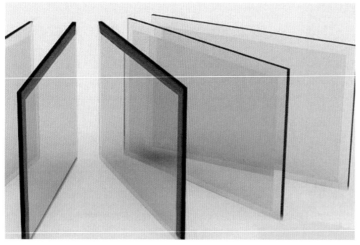

< 图 6-37 钢化玻璃

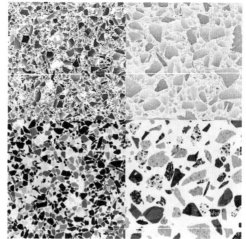

< 图 6-38 水磨石

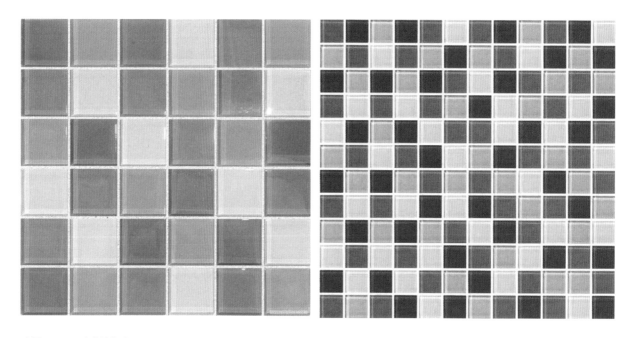

< 图 6-39 玻璃马赛克

17. 玻璃马赛克

玻璃马赛克又叫作玻璃锦砖或玻璃纸皮砖。它是一种小规格的彩色饰面玻璃。一般规格为20mm×20mm、30mm×30mm、40mm×40mm，厚度为4～6mm，属于各种颜色的小块玻璃质镶嵌材料。玻璃马赛克由天然矿物质和玻璃粉制成，是最安全的建材，也是杰出的环保材料。它耐酸碱、耐腐蚀、不褪色，是最适合装饰卫浴房间墙地面的建材。它算是最小巧的装修材料，组合变化的可能性非常多：具象的图案、同色系深浅跳跃或过渡，或为瓷砖等其他装饰材料做纹样点缀等，如图6-39所示。

第二节　居住空间施工工艺

一、顶棚装饰施工工艺

吊顶装饰工程，它属于建筑物内部空间的顶部装饰。经悬吊后，使装饰面板与原建筑结构保持一定的空间距离。通过不同的饰面材料、不同的艺术造型和装饰构造，凭借悬吊的空间来隐藏原建筑结构错落的梁体，并使消防、电器、暖通等隐蔽工程的管线不再外露，在达到整体统一的视觉美感的同时，还要考虑防火、吸声、保温、隔热等功能，如图6-40所示。

（一）木质吊顶施工工艺

木质结构吊顶的吊点、吊筋、龙骨骨架多以木质结构为主。它的施工特别要强调做好防火、防潮及防腐、防脱落的有效措施。木质吊顶可以是不设承载龙骨的单层结构，也可按设计要求组装成上下双层构造，即在承载龙骨上用吊杆连接顶棚结构吊点，其下部为附着饰面板的龙骨骨架。

1. 施工前的准备

施工前主体结构应已通过验收，施工质量应符合设计要求。吊顶内部的隐蔽工程（消防、电气布线、空调、报警、供排水及通风等管道系统）安装并调试完毕，从天棚经墙体引下来的各种开关、插座线路预埋亦已安装就绪。脚手架搭设完毕，且高度适宜，超过3500mm应搭设钢脚手架，如图6-41所示。

◀ 图6-40　施工现场

◀ 图6-41　施工前期准备

2. 施工材料备齐

造型需用的细木工板和木龙骨需认真筛选。木方一般选择红松或白松，如有腐蚀、斜口开裂、虫蛀等缺陷必须剔除。净刨后刷防火漆，以达到消防要求。连接龙骨用的聚醋酸乙烯乳液、钢钉及气钉等辅材要把好质量关，如图6-42所示。

3. 施工工具基本备齐

① 木工手工工具包括量具（钢卷尺、角尺与三角尺、水平尺、线锤等）、画具（木工铅笔、墨斗等）、砍削工具（斧和锛等）、锯割工具（框锯、板锯、狭手锯等）、刨削工具（平刨、线刨、轴刨等）、凿、锤、锉、螺丝刀、壁纸刀等。

② 木工装饰机具包括冲击电钻、手电钻、射钉枪、电圆锯、电刨、电动线锯、木工修边机、木工雕刻机、空气压缩机、气钉枪、手提式电压刨等木工机械，如图6-43所示。

4. 施工

按设计要求放标高线、天棚造型位置线、吊点布局线、大中型灯位线。

① 标高线的做法 根据原建筑室内墙上500～1000mm水平线，用尺量至顶棚的设计标高，在四周墙上弹线，作为顶棚四周的标高线。弹线应清楚，位置准确，其水平允许偏差±5mm，如图6-44所示。

② 吊点位置的确定。

❮ 图6-42　施工材料

❮ 图6-43　木工装饰机具　　　　❮ 图6-44　弹线示意实例

（二）施工操作步骤

安装吊点紧固件→沿吊顶标高线固定沿墙边龙骨→刷防火漆→拼接木格栅→分片吊装与吊点固定→分片间的连接→预留孔洞→整体调整→安装饰面板。

1. 安装吊点紧固件

木质吊顶施工安装吊点紧固件，可以概括为以下两种方法。

① 在建筑楼板底面，用电锤按设计要求钻孔，利用预埋M6的内扣膨胀螺栓与直径6mm全螺扣的钢筋紧固，以此作为吊点与吊筋。下挂轻钢龙骨的主吊件与木龙骨连接，如图6-45所示。

② 必须用直径大于5mm的射钉，将木方吊点直接固定在建筑楼板底面上，如图6-46所示。

2. 沿吊顶标高线固定沿墙边龙骨

不同建筑结构材料的墙面，可以采用相应的固定方法：作业面为混凝土墙面，可用电锤在墙面标高线以上10mm处（让出饰面板的厚度）钻孔，孔距为200mm左右，孔径10mm左右。制作150mm左右长木楔，木楔的直径要稍大于孔径，做浸油防腐处理，钉入到孔隙中，要达到牢固不松动的要求，如图6-47所示。

① 木楔和墙面应保持在同一平面，多余外露部分打掉。边龙骨断面尺寸应与吊顶木龙骨断面尺寸一致，将边龙骨用铁钉固定在四周预设有木楔的墙面上，并刷防火漆。

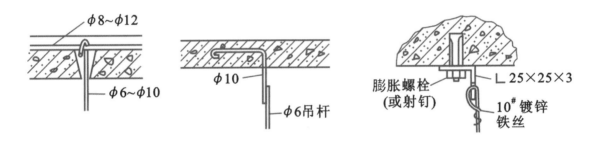

（a）预制楼板内埋设通长钢筋，吊筋从板缝伸出　　（b）预制楼板内预埋钢筋　　（c）用膨胀螺栓或射钉固定角钢连接件

< 图6-45　木质装饰吊顶的吊点紧固安装（单位：mm）

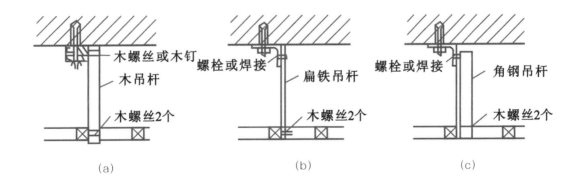

（a）　　　　　　　　（b）　　　　　　　　（c）

< 图6-46　木骨架吊顶常用吊杆类型

◀ 图 6-47　边龙骨预设示意图　　　◀ 图 6-48　沿吊顶标高线固定沿墙边龙骨　　◀ 图 6-49　吊顶木龙骨筛选后要刷防火漆

　　② 若是普通砖墙结构，还可以使用强力气钢钉（依靠空气压缩机及气钉枪）把边龙骨直接射钉在墙面上，如图6-48所示。

　　③ 刷防火漆：吊顶木龙骨筛选后要刷防火漆，以达到消防要求，待晾干后备用，如图6-49所示。

　　3. 在地面拼接木格栅（木龙骨架）

　　① 先把吊顶面上需分片或可以分片的尺寸位置定出，根据分片的尺寸进行拼接前安排。

　　② 木龙骨截面尺寸的选择，应根据房间空间及必要的承载而定。然后按凹槽对凹槽的咬合方法，使木龙骨纵横垂直地榫接在一起。通常是先拼接大片的木格栅，再拼接小片的木格栅，但木格栅最大片不能大于10m²，如图6-50、图6-51所示。

　　4. 分片吊装与吊点固定

　　① 平面吊顶的施工，可从一个墙角位置开始，将拼接好的木格栅托起至吊顶标高位置。

　　② 沿着顶棚标高线，用线绳拉出平行和十字交叉的几条标高基准线——吊顶的水平基准线，以此来控制龙骨整体水平。

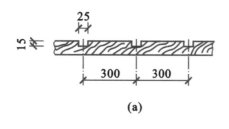

(a)

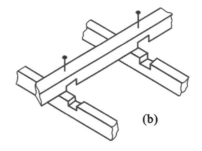

(b)

◀ 图 6-50　木龙骨利用槽口拼接示意（单位：mm）

<图 6-51 龙骨（格栅）示意图

③ 龙骨、吊筋与吊点的固定。针对木吊顶的装饰构造施工，这里介绍两种方法。

a.轻钢龙骨主吊件与木龙骨固定，轻钢龙骨主吊件底部拉直，依靠主吊件原有的口洞与木龙骨之间用高强自攻螺钉固定。此方法避免了木吊筋自身的缺陷，加强了吊顶承载的安全性。

b.用木方固定：先用木方按吊点位置固定在楼板的下面，然后，再用吊筋木方与固定在建筑楼板下面的木方钉牢，如图6-52、图6-53所示。

5. 预留孔洞

预留的施工要点是在洞口处加密吊筋与龙骨的密度。在饰面板上安装的灯具、烟感器、喷淋、风口篦子等设备的位置要合理、美观，与饰面板交接严密。

6. 整体调整

各个分片木格栅连接加固完成后，在整个吊顶面下用尼龙线拉出十字交叉标高线，检查吊顶平面的平整度。

<图 6-52 木方作吊点及吊筋示意图

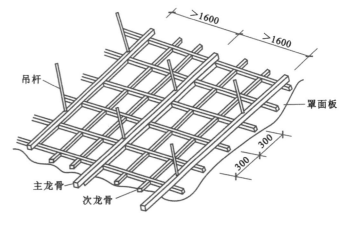

<图 6-53 木龙骨组装示意（单位：mm）

7. 饰面板的安装方法

（1）纸面石膏板的安装工艺

① 按设计要求将石膏板正面向上，按照木格栅分格的中心线尺寸，在板正面上画线。这样即使是面板罩住木格栅，安装时仍能清楚地看到龙骨的位置。

② 为防止弯棱、凸鼓现象，板材应在自由状态下从一端向另一端固定，或从中间向四周固定，而不应从两边或四周同时向中心固定，更不可多点同时作业。

③ 纸面石膏板从吊顶的一端开始错缝安装，逐块排列，余量放在最后安装，石膏板与墙体间应留有5mm左右间隙。吊顶平整度用2000mm直尺检查，直观检查吊顶无下垂感。固定纸面石膏板，一般采用平头直径3.5mm×25mm的高强自攻螺钉，安装用电钻劈头来拧紧自攻螺钉，螺帽宜略嵌入板面，并不穿透面板，以保证自攻螺钉、龙骨及石膏板间连接牢固。如图6-54所示。

④ 纸面石膏板安装完毕后，对预留缝要用嵌缝石膏填平，然后贴一层嵌缝纸带或布带，以防止板间出现裂纹。对于板面的钉帽应做防锈处理，即在钉帽上涂刷防锈漆，并用石膏腻子刮平，在刮大白施工之前，要在板面涂刷一层防潮漆，用以增加石膏板的抗潮性，如图6-55所示。

⑤ 石膏板板间应预留5mm左右的缝隙。板间缝隙应在安装板时预留，而不应该安装完后用刀划口，这样易造成自攻螺钉和石膏板间产生豁口现象。安装双层石膏板时，面层板与基层板的接缝也应错开，不得在同一根龙骨上接缝。石膏板的接缝应按设计要求进行处理。

（2）石膏板嵌缝施工工艺

① 嵌缝腻子的调配为聚醋酸乙烯乳液：滑石粉或大白粉：2%羧甲基纤维素溶液=1：5：3.5。要根据用量调配，并在规定的时间内用完，不得存放。如今市场也有成品的嵌缝腻子可以买到，大大方便了施工，如图6-56所示。

② 板面嵌缝。先将板缝清理干净，对接缝处的石膏暴露部分，需要用10%的聚乙烯醇水溶液或用50%的107胶液涂刷1～2遍，待干燥后用小刮刀把腻子嵌入板缝内，填实刮平；第一层腻子干燥后，薄薄的刮上一层稠度较稀的腻子，随即把嵌缝带贴上（缝带可用穿孔纸带、牛皮纸带或布纹稍大的布带），用力刮平，压实，赶出腻子与缝带之间的气泡，如图6-57所示。

放置一段时间，待水分蒸发后，再用刮刀在纸带上刮上一层厚约1mm，宽约80～100mm的腻子，用大刮刀将板面刮平，干燥后砂光。各道嵌缝施工，均应在前一道嵌缝腻子干燥后再度进行，如图6-58所示。

< 图 6-54　纸面石膏板的安装工程案例

< 图 6-55　石膏板安装

◀图6-56　石膏板嵌缝处理材料与工具

◀图6-57　石膏板嵌缝处理施工中

◀图6-58　施工前后实例对照图

（3）木质人造板做底板

使用木质人造板做底板，一般可以在它的表面再度进行实木夹板贴面、防火板、铝塑板等复合材料饰面板的装饰，以及玻璃镜面、软包织物及皮革装饰等。此时底板大多采用5～10mm厚度为宜，种类包括胶合板、细木工板、中密度板、纤维板、刨花板等，如图6-59所示。

在施工异型造型棚面（穹顶、拱形棚等）时，大多选用木质龙骨的结构，如细木工板、木方等做结构龙骨；底板选用3～10mm厚度的木质人造板来完成造型的组装。甚至在造型角度小的情况下，还须在底板的背面开卸力槽及水浸法弯曲来完成，如图6-60所示。

（4）木质人造板做底板施工要点

①按设计要求，将挑选好的木质人造板正面向上，按照木格栅分格的中心线尺寸，在板正面上画线。

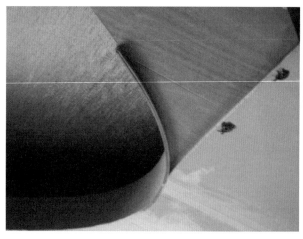

❮ 图 6-59　木质人造板做底板示意

❮ 图 6-60　木质人造板做底板案例　　❮ 图 6-61　木质人造板做底板式样示意

　　② 底板面倒角：在板的正面四周，按宽度为 3 mm 左右刨出 45°倒角，使板与板之间呈 V 字型接缝，如图 6-61 所示。

　　③ 胶钉底板：将板正面朝下，托起到预定位置，使板上的画线与木格栅中心线对齐，先在龙骨表面刷胶（聚醋酸乙烯乳液），再用空气压缩机带动气钉枪，选用气排钉密集固定，钉距在 50mm 左右。

　　④ 底板安装完毕，选用实木夹板做表面装饰时，可用聚醋酸乙烯乳液作黏结剂；空气压缩机带动蚊钉枪，利用微孔的蚊钉作固定。蚊钉孔隙微小，大大地减轻了后期油饰处理的劳动强度。除胶钉结合方法外，饰面板也可以直接利用强力氯丁胶进行粘接。同时，还要求实木饰面夹板纹理、颜色相近，板面实木皮无翘曲、破损、油污渍等，可在安装前刷两遍底漆做养护，以便使板面保持清洁。

　　⑤ 当饰面板为防火板、铝塑板等复合材料做饰面时，可选用相应的专用氯丁胶直接进行粘接，不可采用铁钉或气钉固定，如图 6-62 所示。

＜ 图 6-62　木质人造板做底板实例示意　　　　　　　　　**＜** 图 6-63　安装 PVC 阻燃装饰扣板实例

（5）安装 PVC 阻燃装饰扣板

根据 PVC 阻燃装饰扣板铺设的方向，木龙骨可以只安装单向（纵向或横向）。木龙骨安装完成后，利用带有企口的 PVC 扣板逐排插接，并在扣板企口处，用直径 3.5mm×25mm 的高强自攻钉等距离固定扣板，钉距在 150mm 左右，如图 6-63 所示。

垂直方向靠木吊筋与吊点固定，水平方向靠 PVC 收边条及扣板与木龙骨之间的连接固定。安装 PVC 收边条需要预设木楔，靠自攻钉及氯丁胶与墙面胶钉的方式固定，收边条要求平直，接口严密，不能翘曲。

二、墙面装饰施工工艺

墙面作为室内空间装饰界面之一，色彩、图案、材料质感所产生的装饰效果让人耳目一新，所以墙面装饰设计除了保证它的使用功能，如坚固、防潮、隔声、吸声、保温、隔热，对结构层有保护作用外，主要是体现出艺术性、美的原理，突出主人的个性，达到特定的意境。

不同区域空间的墙面，因使用目的不同，所选用的材料不同，达到的装饰设计效果也不同。要达到最佳装饰效果，除了合理选用装饰材料外。装饰施工工艺亦很重要：有好的材料，没有先进的施工工艺；有好的施工，没有配套材料，都很难达到预定的装饰效果。

墙面装饰常用材料有：木质装饰类、塑料类、贴面类、裱糊类、刷涂类等。其施工方法有：粘贴法、钉固法、镶嵌法、刷涂法等。在实际施工中，根据不同材料采用不同施工方法，有时是几种施工方法混合使用。下面以几种常用的墙面装饰材质为例，从不同的角度对墙面进行分门别类的装饰施工工艺介绍。

（一）水泥砂浆抹灰的施工

1．水泥砂浆抹灰的基本工艺

基层处理→找规矩，对墙体四角进行规方→横线找平，竖线吊直→制作标准灰饼、冲筋→阴阳角找方→内墙抹灰→底层低于冲筋→中层垫平冲筋→面层装修。如图 6-64 ～图 6-70 所示。

◀ 图 6-64 基层处理

◀ 图 6-65 甩浆

◀ 图 6-66 做灰饼

◀ 图 6-67 灰饼吊垂直

◀ 图 6-68 冲筋

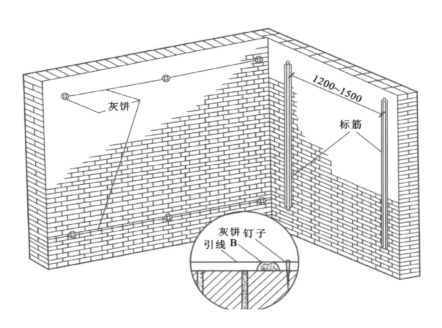

◀ 图 6-69 找规矩（单位：mm）

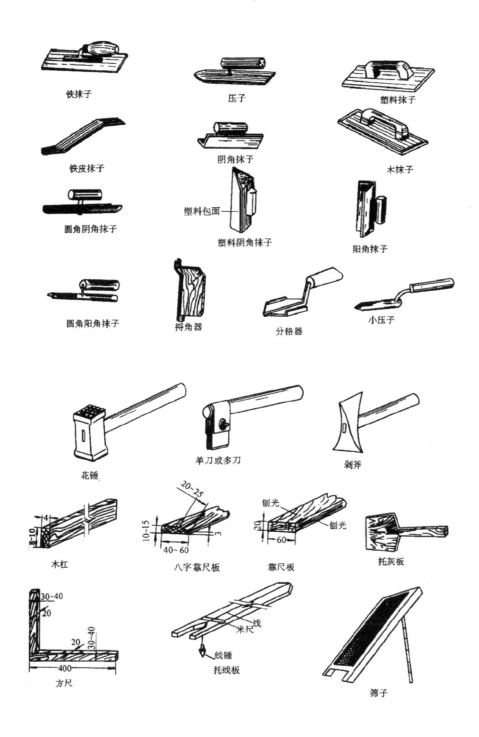

铁抹子　　　　　压子　　　　　塑料抹子

铁皮抹子　　　　阴角抹子　　　　木抹子

圆角阴角抹子　　塑料包面　　　　阳角抹子
　　　　　　　　塑料阴角抹子

圆角阳角抹子　　捋角器　　分格器　　小压子

花锤　　　　　　单刀或多刀　　　剁斧

木杠　　　八字靠尺板　　靠尺板　　托灰板
　　　　　　刨光　　刨光

方尺　　　　托线板　　米尺　　筛子
　　　　　　线锤

❮ 图 6-70　抹灰工具（单位：mm）

2. 水泥砂浆抹灰施工要点

① 抹灰前必须制作好标准灰饼。

② 冲筋也是保证抹灰质量的重要环节，是大面积抹灰时重要的控制标志，如图6-71、图6-72所示。

③ 阴阳角找方也是直接关系到后续装修工程质量的重要工序。

◀ 图 6-71 做灰饼、标筋

◀ 图 6-72 抹灰施工过程

（二）护墙板的种类与安装

护墙板是保护抹灰墙面和装饰的，是常用的一种室内墙面装修，用于人们容易接触的部位。护墙板一般可分为局部型和全高型两种，按表面可分为平面护墙板、凹面护墙板和凸面护墙板。护墙板的材料有：木板、胶合板、装饰板、微孔木贴面板、纤维板、防火板、软木装饰板、塑料扣板、铝合金扣板、石膏板等。

木护墙板是当今室内装饰中较高级装饰工程之一。常用的材料有：木方、木板、胶合板、木装饰条微薄木板、纤维板、高中密度纤维板、刨花板、防火板等。木护墙板的安装制作程序是：弹线，检查预埋件→刷防潮层→制作安装木龙骨→装钉面板→磨光，油漆。

① 弹线，检查预埋件。根据施工图上的尺寸，先在墙上划出水平标高，弹出分档线，如图 6-73 所示。

② 刷防潮层。先在墙面涂刷防水防潮涂料。再在护墙板上、下留通气口。最后经过墙内木砖出挑，使墙板、木龙骨与墙体分开一定间隔，防止潮气对面板的影响。

③ 安装木龙骨。全高型护墙板应根据房间四角和上下龙骨先找平、找直，按面板分块大小由

◀ 图 6-73 弹线

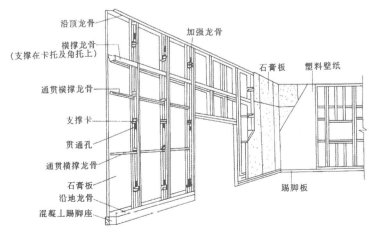

◀ 图 6-74 隔墙龙骨安装示意图

上到下做好木标筋，然后在空档内根据设计要求钉横、竖龙骨，先装竖龙骨，再装横龙骨；局部型护墙板根据高度和房间大小，做成龙骨架，整片或分片安装，在龙骨与墙之间铺一层油毡以防潮气。一般横龙骨间距为400mm，竖龙骨间距可放大到450mm。龙骨必须与每块木砖钉牢，如果没埋木砖，也可用钢钉直接把木龙骨钉入水泥砂浆面层上。当木龙骨钉完后，要检查表面平整与立面垂直，阴阳角用方尺套方。调整龙骨表面，偏差处垫木块，必须与龙骨钉牢。如需隔声，中间需填隔声轻质材料，如图6-74所示。

④ 装钉面板。如果面板上涂刷清漆显露木纹时，应挑选相同树种及颜色、木纹相近似的面板装在同一房间里。镶面板时，木纹根部向下、对称，颜色一致，嵌合严密，分格拉缝均匀一致，顺直光洁。如果面板上涂刷色漆时可不受上述条件的限制。护墙板面层一般竖向分格拉缝以防翘鼓，如图6-75所示。

⑤ 磨光，油漆。护墙板安装完毕后，应对木墙裙进行打磨、批填腻子、刷底漆、磨光滑、涂刷清漆。

（三）块面材料装饰墙面的施工

块面材料装饰墙面，称之为贴面装饰。贴面装饰是把各种饰面板、砖(即贴面材料)镶贴到基层上的一种面层装饰，贴面材料的种类很多，常用的有天然石饰面板、人造石饰面板和饰面砖等。内墙贴面类的饰面材料一般质感细腻、表面光滑洁净、光彩夺目，如大理石、瓷砖、马赛克、各种陶瓷锦砖等，在居室装饰设计中，主要应用于客厅、餐厅、厨房、卫浴间等墙面。

1.釉面砖的辅贴

釉面砖贴面施工工艺流程：基层处理→抹底层→弹线挂线→湿润墙体与釉面砖→擦缝→整理。

施工前，开箱检查釉面砖的品种、规格及色彩等是否符合施工要求，然后按工程要求，分层、分段、分部位使用材料。具体粘贴顺序是：从墙面到地面，墙面由下往上分层粘贴，先粘墙面砖，后粘阴角及阳角，再粘压顶，最后粘底座阴角。但在分层粘贴程序上，应用分层粘贴法，即每层釉面砖，均按横向施工，由墙面砖至阴角，再由阴角至墙面砖等。此方法能使阴阳角粘贴紧密牢固。釉面砖粘贴完毕后，应保证在30min内不挪动或振动。

2.陶瓷锦砖的铺贴

陶瓷锦砖除了用于地面铺贴外，还用于走廊、门厅、盥洗室、厕所、浴室、餐厅等处的内墙装饰。陶瓷锦砖装饰内墙面与釉面砖饰面效果相似，其施工准备工作与铺贴釉面砖基本相似，如图6-76、图6-77所示。

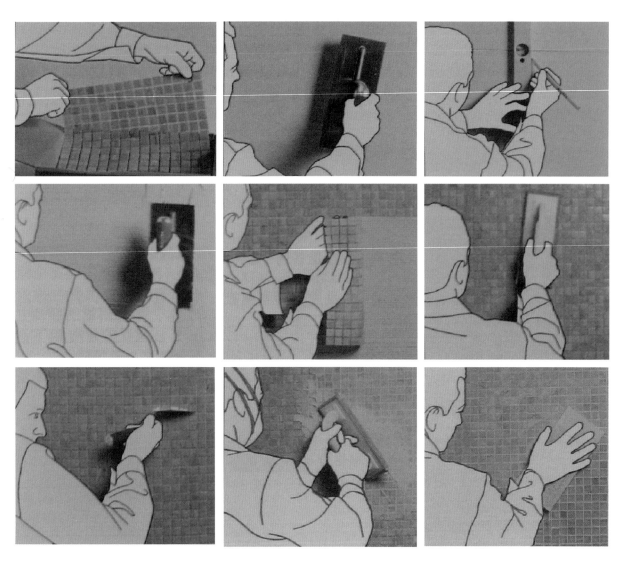

< 图 6-77　陶瓷锦砖镶贴示意图

3. 大理石饰面的镶贴

① 小块料粘贴操作要求如下。

a.基层处理首先将基层表面的灰尘、浮砂、污垢、油渍等清除干净，并浇水湿润。若混凝土表面光滑平整的，应进行凿毛处理。然后对墙面的垂直度与平整度进行吊通线检查，如果垂直度偏差太大，镶贴面会超过平整度标准，特别是钢筋混凝土结构施工时出现胀模或跑模，轴线位移，造成平整度差影响镶贴，必须及时加以处理，确保镶贴质量。

b.抹底层灰用1：2.5(体积比)的水泥砂浆打底，厚度约为10mm，打底分两次完成，打底后用刮尺刮平，划毛，按中级抹灰标准验收其平整度和垂直度，表面平整度应小于4mm，立面垂直度应小于5mm。

c.弹线、分块。先在墙面、柱面和门窗上用线锤从上至下吊线，确定板的表面距基层的距离，一般为30～40mm，具体要看板的厚度及抹灰层的厚度。根据垂线位置，在地面上顺墙或柱投出大理石板外轮廓线，此线为第一层大理石的基础线，将第一层板的下沿线弹到墙上，如有踢脚板，先将踢脚板的标高线弹出，然后再按大理石板面的实际尺寸与缝隙的宽度在墙面上弹出分块线。

d.镶贴前，先将板清洗干净，并湿润后阴干，然后在饰面板的背面均匀地抹上2～3mm厚的801胶水泥浆（801胶水的掺量为水泥重量的10%～15%）或环氧树脂水泥浆，也可用AH-03胶黏剂，按已弹好的水平线先镶贴墙面底层两端的两块饰面板，然后在两端饰面板上口拉一通线，按编号依次镶贴，第一层铺贴完毕，进行第二层的镶贴，以此类推，直至贴完，并随时用靠尺找平拉直。

②大块料大理石安装方法（这里主要介绍传统挂贴安装法），如图6-78所示。

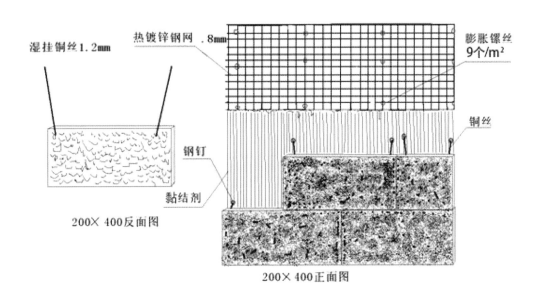

◁ 图6-78 大理石传统挂贴安装示意图

a.基层处理。清除基层表面浮灰和油污，检查结构埋件位置、基层表面的垂直度、平整度和轴线位置是否符合要求。

b.弹线，分块。同样用线锤从上至下吊线，确定板面距基层的距离；要考虑板材的厚度、灌缝的宽度及钢筋网所占的尺寸，一般为40～50mm。用线锤按确定的尺寸投到地面，此线为第一层板的基层线，然后再按大理石板的总高度及缝隙，进行分块弹线。

c.焊直径6mm钢筋网。板材的铜丝或不锈钢挂件是固定在直径6mm钢筋网上的，直径6mm钢筋网与结构预埋铁件焊牢。若没有设置预埋件，可以先在墙面上钻锚固孔，钻孔深度不小于35～40mm，孔径为5～6mm，然后再安装膨胀管螺栓，把钢筋焊在膨胀管螺栓上。钢筋网必须焊牢，不得有松动和变曲现象。钢筋网竖向间距不大于500mm。横向钢筋为绑铜丝或挂钩所设计的，其上下排之间的尺寸由板的高度所决定。

d.大理石饰面板修边打眼。饰面板安装前，应对饰面板修边打眼。目前有两种方法，即钻孔打眼法和开槽法。钻孔打眼法：当板宽在500mm以内时，每块板的上、下边的打眼数量均不得少于两个，打眼的位置应与基层上的钢筋网的横向钢筋的位置相适应，一般在板材的背面的2／3处，用笔画好钻孔位置，然后用手电钻钻孔，使竖孔、横孔相连通，钻孔直径以能满足穿线即可，一般为5mm。钻好孔后，必须将铜丝伸入孔内，然后用环氧树脂或镀锌铁皮挤紧铜丝加以固结，才能起到连结的作用，若用不锈钢的挂钩同直径6mm钢筋挂牢时，应在大理石板上下侧面，用直径5mm的合金钢头钻孔。开槽法：用手提式电动石材无齿切割机的圆锯片，在绑孔钢丝的部位上开槽。目前板材采用的是四道或三道开槽法。开四道槽的位置是：板块背面的边角处开两条竖槽，其间距为30～40mm；板块侧边处的两竖槽位置上开一条横槽，再在板块背面上的两条竖槽位置下部开一条横槽，板块开好槽以后，把备好的18号或20号不锈钢丝或铜丝剪成300mm长，折成"U"形，将"U"形不锈钢丝先套入板背横槽内，"U"形的两边从两条竖槽内通出后，在板块侧边横槽处交叉，然后再通过两条竖槽将不锈钢丝在板块背面扎牢。但要注意：不应将不锈铜丝拧得过紧，以防止把钢丝拧断或将大理石的槽口弄断裂。

e.大理石饰面板安装。大理石饰面板的安装，应采用板材与基层绑扎或悬挂，然后灌浆固定的办法。大理石饰面板安装的顺序是自下而上，为了保证安装的质量，安装第一块面板时，应用直尺托板和木楔找平。开始安装时，按编号将大理石板擦净并理直铜丝，手提石板就位，按事先找好的水平线和垂直线，在最下行两头找平，拉上横线，从中间一块开始，右手伸入石板背后，把石板下铜丝绑在横筋上，绑扎时不要太紧，把铜丝和横筋拴牢即可，然后绑扎石板上口铜丝，并用木楔垫稳，再系紧铜丝。安装每一块石块时，如发现石板的规格不准或石板间隙不均匀，应用铅皮加垫，使石板间隙均匀一致，以保持第一层石板上口平直，为第二层石板安装打下基础。如果用挂钩操作，将挂钩一端放入孔内，另一端钩在钢筋上。

f.临时固定。为了防止水泥浆灌缝时产生石板的走动与错位，要采取临时固定措施。临时固定的办法，可视部位不同，灵活采用。内墙面采用外贴石膏的办法加以固定，具体操作步骤是：将熟石膏加水泥拌成粥状，在调整完毕的板面，将石膏贴在板的拼缝外，即像贴饼子那样，沿线缝外贴2～3块，也可沿拼缝贴一条，使该层石板连成整体。水泥的加量一般是熟石膏用量的20%。如果是浅色的板材宜加白水泥。上口的木楔，也要贴上石膏防止松动和错位。临时固定后，用靠尺板检查安装面板是否垂直、平整，发现问题，及时校正，待石膏坚固后即可灌浆。

g.灌浆。临时固定后，用1∶3(体积比)水泥砂浆进行灌浆。灌浆时用小桶徐徐倒入缝内。注意不要碰动石板，也不要只从一处灌筑，同时要检查石板是否因灌浆而外移。灌浆高度不得超过石板高度的三分之一，一般为150mm。然后用铁棒铧压，使其贴紧。发现错位，应立即拆除，重新安装。第一次灌入150mm稍停1～2h，待砂浆初凝无水溢出后，再检查板是否移动。然后进行第二层灌浆，其高度为100mm左右，即石板高度的二分之一。第三层灌浆的高度应低于石板上口50mm左右。

h.清理。一层石板灌浆完毕，砂浆初凝后方可清理上口余浆，并用棉纱擦干净。隔天再清理石板上口木楔及其他杂物。清理干净后，再用上述程序安装另一层石板。

i.嵌缝。全部安装完毕，清除所有的石膏及余浆残迹，然后用与大理石颜色相同的色浆嵌缝，边嵌边擦干净，使缝隙密实，颜色一致。

j.抛光。市售的大理石板，在出厂前已经进行抛光打蜡，但由于施工过程中的污染，表面失去部分光泽。所以，安装完后要进行擦拭与抛光，使其表面更富光泽。

（四）墙面裱糊的施工

裱糊工艺一般分为基层处理、弹线试贴、裁剪湿润、刷涂胶黏剂、裱糊壁纸与清理修整等主要工序。

1. 基层处理

首先检查基层表面的平整度与垂直度，以及阴阳角的垂直与方正程度，并使含水率达到要求。然后要求基层表面达到坚实牢固、平整光洁，不得有疏松、掉粉、正刺、麻点、砂粒和裂缝，阴阳角应顺直、颜色一致，否则将直接影响裱糊的质量和耐久性。若出现这些缺陷时一定要想办法清除十净，或用胶腻子抹平、抹光，每遍腻子干后用砂纸磨平，并用抹布擦净表面灰粒。不同材料的基层相接处应糊条盖缝。

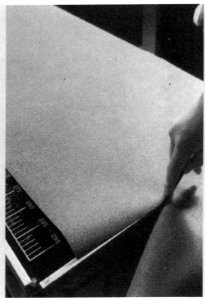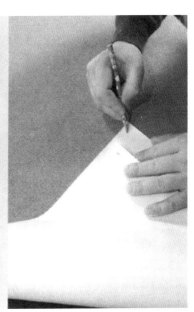

< 图 6-79　计算用料、裁剪

2. 弹线试贴

弹线的目的是为裱贴做依据，保证壁纸边线水平垂直，也可保证裁剪尺寸准确。弹线应根据房间大小、门窗位置与花纹图案进行弹线，先从门窗框处开始，以壁纸宽度找规矩，每个墙面的第一条壁纸必须找直，作为裱糊时的依据。

3. 裁纸

壁纸裁割时，要根据材料的规格及墙面的尺寸，统筹规划，并编上号，以便按顺序粘贴，一般以墙面高度进行分幅拼花裁切。壁纸的下料长度应比裱贴部位尺寸略长20～30mm。如果壁纸带花纹图案时，应先将上口的花饰全部对好，不得错位。切割时刀刃贴紧尺边，尺子压紧壁纸，用力均匀，一气呵成，中间不得停顿或变换持刀角度。裁切后的纸边应平直整齐，不得有毛刺。注意裁切后的壁纸要卷起平放，如图6-79所示。

4. 润纸

不同的壁纸对润纸的反应不一样，反应较明显的是纸基的塑料壁纸。

① 塑料壁纸遇水膨胀。其幅宽方向的膨胀率为0.5%～1.2%，收缩率为0.2%～0.8%，若不考虑这个特性，那么裱糊后的壁纸必然出现气泡、皱折等质量通病。因此必须先将塑料壁纸在水槽中浸泡2～3min，进行闷水处理，取出后抖掉余水，静置20min，或用排笔刷水后浸10min，这样，壁纸粘贴后，随着水分的蒸发而收缩、绷紧。

② 由于复合纸质壁纸的湿强度较差，裱糊前严禁进行闷水处理。为达到软化壁纸的目的，可在壁纸背面均匀刷胶黏剂，然后胶面对胶面对叠，放置4～8min，即可上墙裱糊。壁纸裱糊前，应取一小条壁纸进行试贴，隔日观察接缝效果及纵向、横向收缩情况。

5. 刷胶黏剂

一般在台案上进行，将已裁好的壁纸图案面向下铺设在台案上，一端与台案边对齐，平铺后多余部分可垂于台案下，然后分段刷胶黏剂，涂刷时要薄而匀，严防漏刷。

① 带背胶的壁纸裱糊时可将裁好的壁纸浸泡于水槽中，然后由底部开始，图案面向外，卷成

一卷，上墙裱糊。壁纸背面及墙面均无需刷胶黏剂，但裱糊顶棚时，带背胶的壁纸应涂刷一层稀释的胶黏剂。

② PVC壁纸　在裱糊顶棚时，基层和壁纸背面均涂刷胶黏剂。刷胶时，基层表面涂胶宽度要比壁纸宽约30mm。塑料壁纸背面刷胶的方法是：背面刷胶后，胶面与胶面反复对叠，可避免胶干得太快，也便于上墙；对于较厚的壁纸，为增加黏结效果，应对基层与背面双面刷胶。

6.裱糊

裱糊的原则是：先垂直面、后水平面；先细部、后大面；先保证垂直、后对花拼缝；垂直面是先上、后下，先长墙，后短墙面；水平面是先高、后低。

① 从墙面所弹垂线开始裱糊，至阴角处收口，一般顺序是挑一个近窗台角落向背光处依次裱糊，这样在接缝处不致出现阴影，影响操作。

② 裱贴无图案的壁纸时，可采用搭接法裱贴。其方法是：相邻两幅在拼接缝处，后贴的一幅压前一幅20mm左右，然后用钢尺与活动剪纸刀在搭接范围内的中间，将双层壁纸切透，再将切掉的两小条壁纸撕下，最后用刮板从上向下均匀的赶胶，排出气泡，并及时用湿布擦掉多余胶液。较厚的壁纸须用胶辊进行滚压赶平。发泡壁纸及复合壁纸则严禁使用刮板赶压，只可用毛巾、海绵或毛刷赶压，避免造成平花或出现死褶情况，如图6-80所示。

③ 对于有图案的壁纸，为了保证图案的完整性和连续性，裱贴时可采取拼接法。拼贴时，先对图案，后拼缝。从上至下图案吻合后，再用刮板斜向刮胶将拼缝处赶密实，然后从拼缝处刮出多余胶液，并用湿毛巾擦干净。对于需要重叠对花的壁纸，应先裱贴对花，待胶黏剂干到一定程度后，用钢尺对齐裁下余边，再刮压密实。用刀时，下力要匀，一次直落，避免出现刀痕或搭接起丝现象。

④ 裱糊拼贴时，阴角处接缝应搭接，阳角处不得有接缝，包角压实，绕过墙角后，应定出一条新的垂线依次裱糊。

⑤ 在墙面明显处，应用整幅壁纸裱糊，不足一幅的壁纸应裱糊在较暗或不明显的部位。与挂镜线、踢脚板和贴脸等部位的连接应紧密，不得有缝隙。

⑥ 裱糊时，如墙上有开关、插座等突出物，应尽量卸除，不能卸除的，可将壁纸剪口裱糊上去，或在突出物处用剪刀开条长缝，使其能平裱于墙面，然后将多余部分剪去，如图6-81所示。

⑦ 若印花壁纸存在色差，可采取调头粘贴的方法加以校正。粘贴时将颜色较深的一边和颜色较浅的一边各自相互为邻，使颜色没有突变，以掩饰色差缺陷，但调头粘贴的图案必须上下对称或无规则。

⑧ 顶棚裱糊时，宜沿房间的长度方向，先裱糊靠近主窗处部位，上好胶的壁纸要反复对折，然后一人用木柄撑起展开顶折部分，边缘靠齐弹线，敷平一段再展开下一部分。另一人边裱糊、边挤出壁纸中的多余胶液，裱糊时需赶平、赶密实。最后剪齐两端多余部分，如有必要应沿着墙顶线和墙角修剪整齐。

7.清理修整

若发现局部不合格，应及时采取补救措施。如纸面出现皱纹、死褶时，应趁壁纸未干，用湿毛巾抹拭纸面，使壁纸润湿后，用手慢慢将壁纸舒平，待无皱折时，再用橡胶辊或胶皮刮板赶平；若壁纸已干结，则要撕下壁纸，把基层清理干净后，再重新裱贴。壁纸

◀ 图6-80　搭接法裱贴

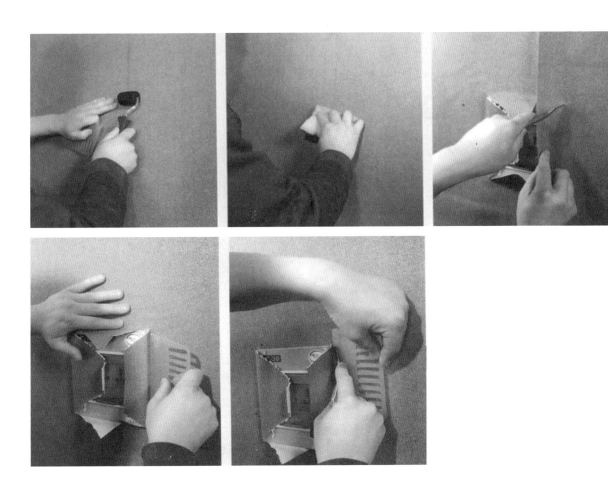

<❮ 图 6-81 裱糊过程

表面的胶黏剂和斑污应及时揩擦干净。翘边、翻角处应刷胶黏剂粘牢，再用木滚子压实。如果纸面出现小气泡，可用注射针管将气抽出，再注射胶液贴平、贴实；大气泡可用刀在气泡表面切开，挤出气体再用胶黏剂压实；若鼓包内胶黏剂聚集，则用刀开口后将多余的胶黏剂刮去、压实即可。对于在施工中碰撞损坏的壁纸，可采取挖空填补的方法，填补时将损坏的部分割去，然后按形状和大小，对好花纹补上，要求补后不留痕迹。

三、地面施工工艺

（一）石材地面铺设

1. 装饰构造

室内地面所用石材一般为磨光的板材，板厚20mm左右，目前也有薄板，厚度在10mm左右，适于家庭装饰用。每块大小在(300mm×300mm)～(500mm×500mm)。可使用薄板和1∶2水泥砂浆掺建筑胶水铺贴，如图6-82所示。

2. 石材地面装饰基本工艺流程

清扫整理基层地面→水泥砂浆找平→定标高、弹线→选料→板材浸水湿润→安装标准块→摊铺水泥砂浆→铺贴石材→灌缝→清洁→养护交工。

◀图 6-82　选择石材，试拼、编号　　　　　　　◀图 6-83　将地砖在干水泥砂浆上压实

3. 施工要点

① 基层处理要干净，高低不平处要先凿平和修补，基层应清洁，不能有砂浆，尤其是白灰砂浆灰、油渍等，并用水湿润地面。

② 铺装石材、瓷质砖时必须安放标准块，标准块应安放在十字线交点，对角安装。铺装操作时要每行依次挂线，石材必须浸水湿润，阴干后擦净背面。

③ 石材、瓷质砖地面铺装后的养护十分重要，安装24h后必须洒水养护，铺完后覆盖锯末养护。

4. 注意事项

铺贴前将板材进行试拼，对花、对色、编号，使铺设出的地面花色一致；石材必须浸水阴干，以免影响其凝结硬化，发生空鼓、起壳等问题；铺贴完成后，2～3d内不得上人。

（二）陶瓷地面砖铺设工艺

1. 铺贴彩色釉面砖类

处理基层→弹线→瓷砖浸水湿润→摊铺水泥砂浆→安装标准块→铺贴地面砖→勾缝→清洁→养护，如图6-83所示。

2. 铺贴陶瓷锦砖（又名陶瓷马赛克）类

处理基层→弹线、标筋→摊铺水泥砂浆→铺贴→拍实→洒水、揭纸→拨缝、灌缝→清洁→养护。

3. 铺贴陶瓷地砖的施工要点

① 混凝土地面应将基层凿毛，凿毛深度5～10mm，凿毛痕的间距为30mm左右。之后，清净浮灰、砂浆、油渍，在地面上洒少量水湿润。

② 铺贴前应弹好线，在地面弹出与门道口成直角的基准线，弹线应从门口开始，以保证进口处为整砖，非整砖置于阴角或家具下面，弹线应弹出纵横定位控制线。

③ 铺贴陶瓷地面砖前，应先将陶瓷地面砖浸泡阴干。

④ 铺贴时，水泥砂浆应饱满地抹在陶瓷地面砖背面，铺贴后用橡皮锤敲实。同时，用水平尺检查校正，擦净表面水泥砂浆，如图6-84所示。

⑤ 铺贴完2～3h后，用白水泥擦缝，用水泥：砂子=1：1(体积比)的水泥砂浆，缝要填充密实，平整光滑，再用棉丝将表面擦净，如图6-85所示。

< 图 6-84　用橡皮锤敲实

< 图 6-85　用白水泥或填缝剂勾缝

4．注意事项

基层必须处理合格，不得有浮土、浮灰；陶瓷地面砖必须浸泡后阴干，以免影响其凝结硬化，发生空鼓、起壳等问题；铺贴完成后，2～3h内不得上人。陶瓷锦砖应养护4～5d后才可上人。

（三）木地板地面铺设

1．木地板装饰的做法

① 粘贴式木地板：在混凝土结构层上用15mm厚1∶3水泥砂浆找平，现在大多采用高分子黏结剂，将木地板直接粘贴在地面上。

② 实铺式木地板：实铺式木地板基层采用梯形截面木搁栅（俗称木楞），木搁栅的间距一般为400mm，中间可填一些轻质材料，以减低人行走时的空鼓声，并改善保温隔热效果。为增强整体性，木搁栅之上铺钉毛地板，最后在毛地板上打接或粘接木地板。在木地板与墙的交接处，要用踢脚板压盖。为散发潮气，可在踢脚板上开孔通风。

③ 架空式木地板：架空式木地板是在地面先砌地垄墙，然后安装木搁栅、毛地板、面层地板。因家庭居室高度较低，这种架空式木地板很少在家庭装饰中使用。

2．木地板装饰的基本工艺流程

① 粘贴法施工工艺：基层清理→涂刷底胶→弹线、找平→钻孔、安装预埋件→安装毛地板、找平、刨平→钉木地板、找平、刨平→钉踢脚板→刨光、打磨→油漆→上蜡。

② 强化复合地板施工工艺：清理基层→铺设塑料薄膜地垫→粘贴复合地板→安装踢脚板。

③ 实铺法施工工艺：基层清理→弹线→钻孔安装预埋件→地面防潮、防水处理→安装木龙骨→垫保温层→弹线、钉装毛地板→找平、刨平→钉木地板、找平、刨平→装踢脚板→刨光、打磨→油漆→上蜡。

3．木地板施工注意事项

① 实铺地板要先安装地龙骨，然后再进行木地板的铺装。

② 龙骨的安装方法：应先在地面做预埋件，以固定木龙骨，预埋件为螺栓及铅丝，预埋件间距为800mm，从地面钻孔后埋入，如图6-86所示。

③ 木地板的安装方法：实铺实木地板应有基面板，基面板使用大芯板。

④ 地板铺装完成后，先用刨子将表面刨平刨光，将地板表面清扫干净后涂刷地板漆，进行抛

光上蜡处理。

⑤ 所有木地板运到施工安装现场后，应拆包在室内存放一个星期以上，使木地板与居室温度、湿度相适应后才能使用。

⑥ 木地板安装前应进行挑选，剔除有明显质量缺陷的不合格品。将颜色花纹一致的铺在同一房间，有轻微质量缺欠但不影响使用的，可摆放在床、柜等家具底部使用，同一房间的板厚必须一致。购买时应按实际铺装面积增加10%的损耗一次购买齐备。

⑦ 铺装木地板的龙骨应使用松木、杉木等不易变形的树种，木龙骨、踢脚板背面均应进行防腐处理。

⑧ 铺装实木地板应避免在大雨、阴雨等气候条件下施工。施工中最好能够保持室内温度、湿度的稳定，如图6-87所示。

⑨ 同一房间的木地板应一次铺装完，因此要备有充足的辅料，并要及时做好成品保护，严防油渍、果汁等污染表面。安装时挤出的胶液要及时擦掉。

⑩ 木地板粘贴式铺贴要确保水泥砂浆地面不起砂、不空裂，基层必须清理干净。基层不平整应用水泥砂浆找平后再铺贴木地板。基层含水率不大于15%。粘贴木地板涂胶时，要薄且均匀。相邻两块木地板高差不超过1mm，如图6-88、图6-89所示。

（四）塑料地板地面铺设

1. 半硬质塑料地板块

基层处理→弹线→塑料地板脱脂除蜡→预铺→刮胶→粘贴→滚压→养护。

◁图6-86 安装木龙骨

◁图6-87 铺装实木地板

◁图6-88 用压条收口，先打胶

◁图6-89 铺设完成

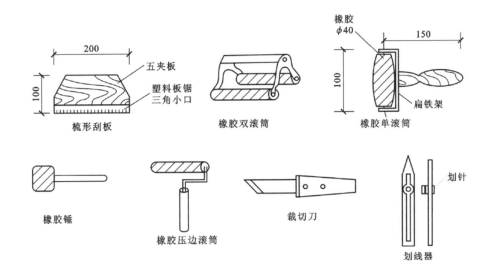

❮图 6-90　塑料地板常用铺贴工具（单位：mm）

2. 软质塑料地板块

基层处理→弹线→塑料地板脱脂除蜡→预铺→坡口下料→刮胶→粘贴→焊接→滚压→养护。

3. 卷材塑料地板

裁切→基层处理→弹线→刮胶→粘贴→滚压→养护。

4. 施工要点

① 常用工具如图6-90所示，铺装方法如图6-91所示。

② 基层应达到表面不起砂、不起皮、不起灰、不空鼓，无油渍，手摸无粗糙感。不符合要求的，应先处理地面。

③ 弹出互相垂直的定位线，并依拼花图案预铺。

④ 基层与塑料地板块背面同时涂胶，胶面不粘手时即可铺贴。

⑤ 块材每贴一块后，将挤出的余胶要及时用棉丝清理干净。

⑥ 铺装完毕，要及时清理地板表面，使用水性胶黏剂时可用湿布擦净，使用溶剂型胶黏剂时，应用松节油或汽油擦除胶痕。

⑦ 地板块在铺装前应进行脱脂、脱蜡处理。

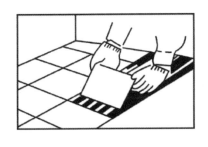
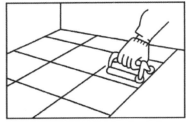

（a）地板一端对齐粘合　　　　（b）贴平赶实　　　　（c）压平边角

❮图 6-91　铺装示意图

5. 注意事项

对于相邻两房间铺设不同颜色、图案塑料地板，分隔线应在门框踩口线外，使门口地板对称；铺贴时，要用橡皮锤从中间向四周敲击，将气泡赶净；铺贴后3d不得上人；PVC地面卷材应在铺贴前3～6d进行裁切，并留有0.5%的余量，因为塑料在切割后有一定的收缩。

（五）地毯地面铺设

1. 铺设方式

地毯有块毯和卷材地毯两种形式，采用不同的铺设方式和铺设位置。

① 活动式铺设：是指将地毯明摆浮搁在基层上，不需将地毯与基层固定。

② 固定式铺设：固定式铺设有两种固定方法：一种是卡条式固定，使用倒刺板拉住地毯；另一种是粘贴法固定，使用胶黏剂把地毯粘贴在地板上。

2. 地毯地面装饰基本工艺

① 卡条式固定方式：基层清扫处理→地毯裁割→钉倒刺板→铺垫层→接缝→张平→固定地毯→收边→修理地毯面→清扫。

② 粘贴法固定方式：基层地面处理→实量放线→裁割地毯→刮胶晾置→铺设压实→清理、保护。

3. 施工要点

① 在铺装前必须进行实量，测量墙角是否规方，准确记录各角角度。根据计算的下料尺寸在地毯背面弹线、裁割。

② 倒刺板固定式铺设沿墙边钉倒刺板，倒刺板距踢脚板8mm。

③ 接缝处应用胶带在地毯背面将两块地毯粘贴在一起，要先将接缝处不齐的绒毛修齐，并反复揉搓接缝处绒毛，至表面看不出接缝痕迹。

④ 粘贴铺设时刮胶后晾置5～10min，待胶液变得干黏时铺设。

⑤ 地毯铺设后，将地毯拉紧、张平，挂在倒刺板上。用胶粘贴的，地毯铺平后用毡辊压出气泡。

⑥ 多余的地毯边裁去，清理掉落的纤维。

⑦ 裁割地毯时应沿地毯经纱裁割，只割断纬纱，不割经纱。对于有背衬的地毯，应从正面分开绒毛，找出经纱、纬纱后裁割。

4. 注意事项

① 注意成品保护，用胶粘贴的地毯，24h内不许随意踩踏。

② 地毯铺装对基层地面的要求较高，地面必须平整、洁净，含水率不得大于8%，并已安装好踢脚板，踢脚板下沿至地面间隙应比地毯厚度大2～3mm。

③ 准确测量房间尺寸和计算下料尺寸，以免造成浪费。

④ 地毯铺设后务必拉紧、张平、固定，防止以后发生变形。

本章训练课题

① 纸面石膏板的特性有哪些？适于在居住空间设计中哪些界面的使用？

② 试举出居住空间常用顶棚装饰材料，并结合顶棚装饰工艺流程简述其使用性能。

第七章
优秀室内设计作品赏析

案例一　白城碧桂园别墅

项目概况：白城碧桂园别墅，240m²
设计公司：沈阳杨婷装饰设计有限公司
设计师：杨婷

本设计项目位于吉林省白城市，是一栋两层别墅。业主为三口之家，夫妻二人常住；女儿外地上大学，假期时会回来居住。设计师根据业主实际情况，对空间布局重新调整，最终形成一楼以公共空间为主，二楼以私密空间为主的四室两厅三卫一厨的二层别墅空间。

设计师最终选择以深色为主的美式古典风格，并不强调繁复的设计元素，而是以舒适和多功能为主，但同时也不失怀旧、浪漫的感觉。一楼空间设计了入户玄关、客厅、餐厅、厨房、一个榻榻米室，以及公共卫生间、车库等空间。入户玄关布置了衣帽柜、穿鞋凳、穿衣镜等。客厅与玄关相连，设计

◀ 图7-1　客厅效果图1

< 图 7-2　客厅效果图 2

< 图 7-3　客厅效果图 3

师对进门上楼的动线进行调整，使布局更加合理，也避免入户门正对楼梯的风水忌讳。客厅电视背景墙采用西班牙米黄理石饰面，与浅黄色壁纸墙面呼应，与沙发背景墙深色墙板形成对比，使空间色彩错落有致。餐厅与厨房也延续了客厅的配色方式，窗户垭口采用同款材质制作门套窗套，橱柜采用同款色彩，使整个空间色彩统一，过度平滑。以实木材料制作的餐桌及椅凳朴实而自然，细节处理十分考究，流畅的桌边线条、桌面及椅子的纹理，都凸显着家居生活的品质感。餐桌旁别具一格的陈列柜，实用美观。开放性的厨房、充满怀旧感的墙砖，凸显着美式风格自由、富有历史气息的鲜明个性。一楼的榻榻米室采用和式风格，设计了榻榻米以及衣柜，方便储藏收纳物品，解决了老人偶尔小住或者客人夜间留宿的问题。

　　二楼空间以私密空间为主，设计了两个卧室，一个书房，两个卫生间。主卧为套间形式，包含独立的衣帽间和卫生间，整体颜色采用浅色调墙板，给人一种明亮、温馨、平和的感觉，它代表了一种没有距离的通透豁达，容易打破家居的沉闷气氛，给人一种和谐之美，配以深色壁纸，对比强烈（如图 7-1 ～图 7-23 所示）。

❮ 图 7-4 客厅实景图

❮ 图 7-5 餐厅垭口效果图 1

❮ 图 7-6 餐厅垭口效果图 2

❮ 图 7-7　餐厅垭口实景图　　　　　　　　　　❮ 图 7-8　主卧室效果图

❮ 图 7-9　主卧室实景图

❮ 图 7-10　女儿房效果图

❮ 图 7-11　女儿房实景图

❮ 图 7-12　玄关效果图

❮ 图 7-13　玄关实景图

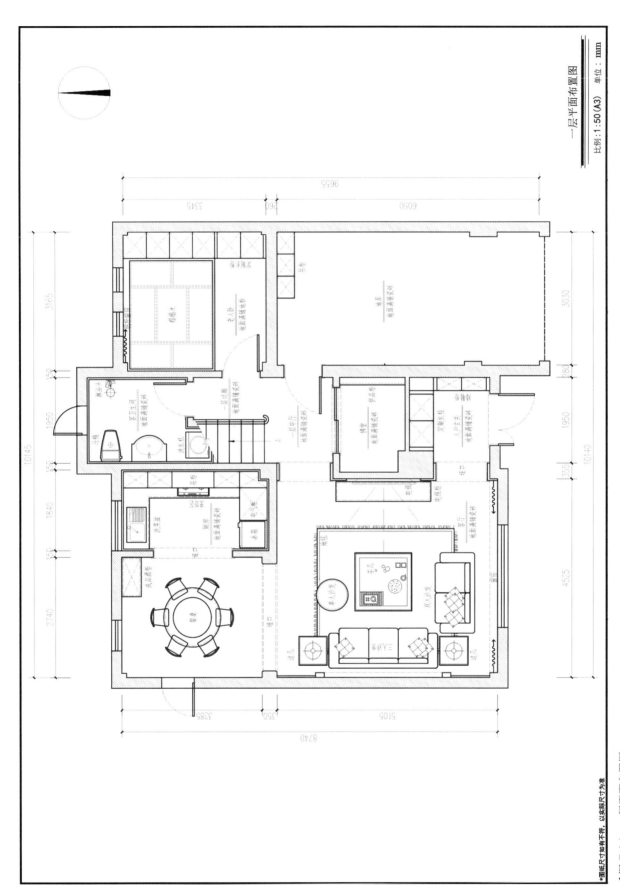

一层平面布置图

比例：1:50 (A3)　单位：mm

*图纸尺寸如有不符，以实际尺寸为准

◀ 图 7-14　一层平面布置图

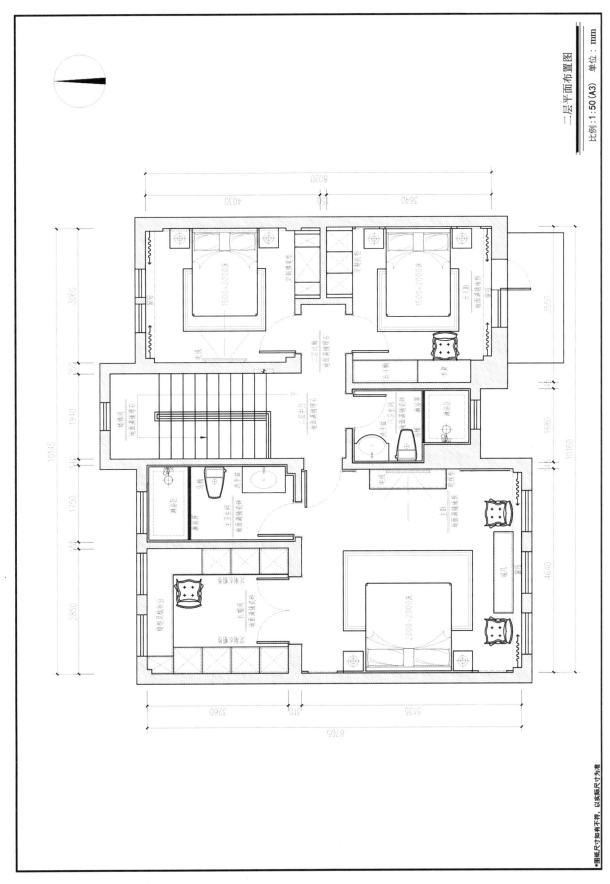

二层平面布置图

比例 1:50 (A3)　单位：mm

•图纸尺寸如有不符，以实际尺寸为准

◁图 7-15　二层平面布置图

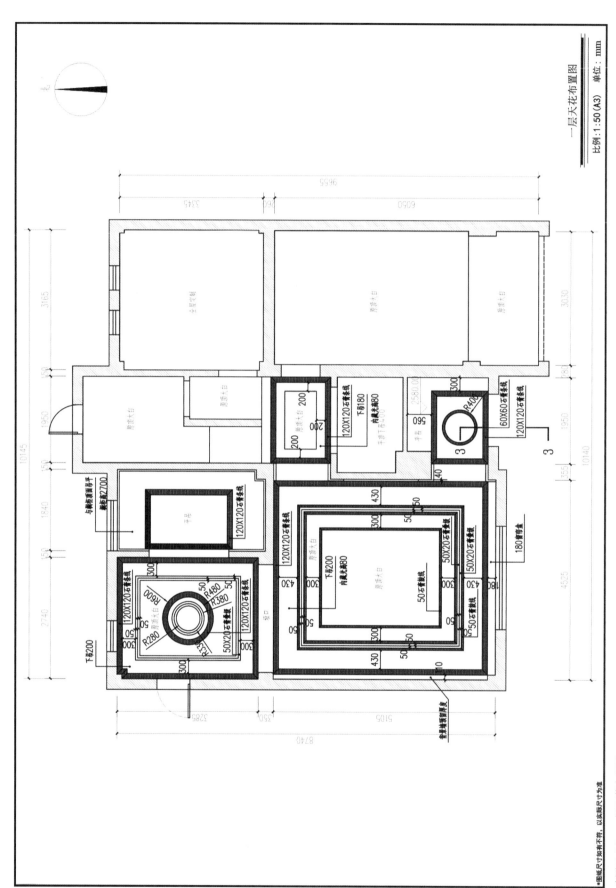

一层天花布置图

比例：1:50 (A3)　　单位：mm

*图纸尺寸如有不符，以实际尺寸为准

< 图 7-16　一层天花布置图

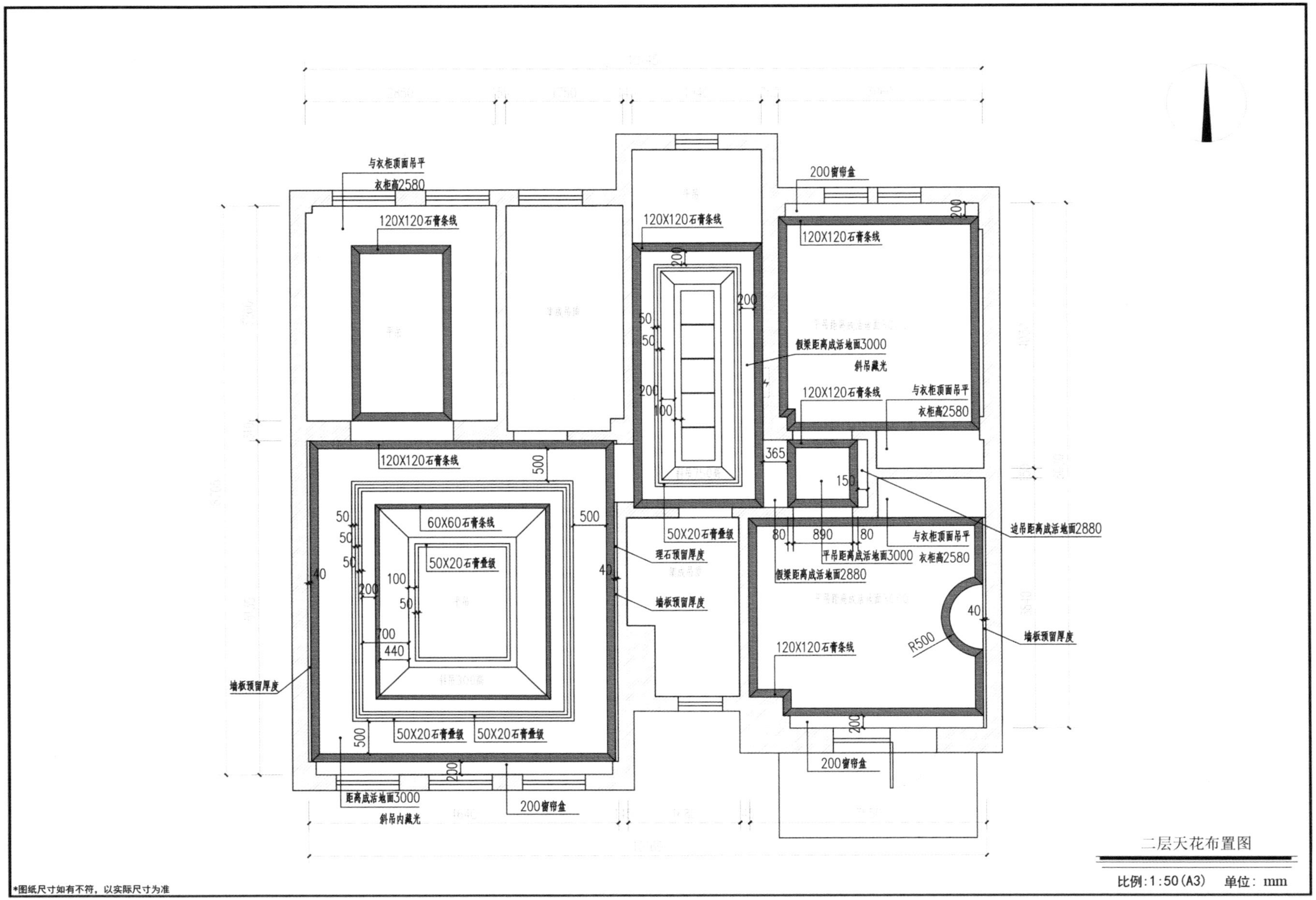

◁图 7-17　二层天花布置图

*图纸尺寸如有不符，以实际尺寸为准。

二层天花布置图

比例：1：50（A3）　单位：mm

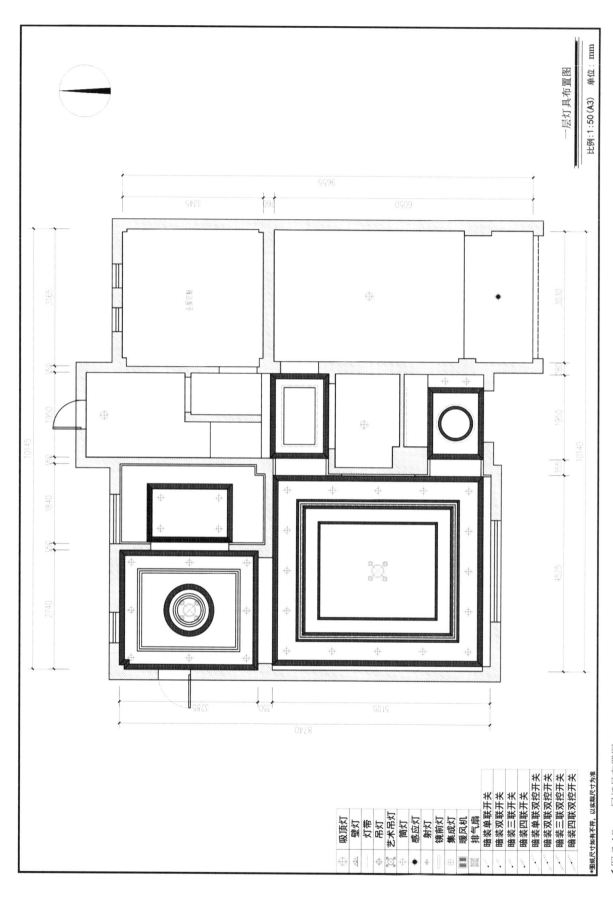

比例：1：50 (A3)　单位：mm

| 吸顶灯 |
| 壁灯 |
| 灯带 |
| 吊灯 |
| 艺术吊灯 |
| 筒灯 |
| 感应灯 |
| 射灯 |
| 镜前灯 |
| 集成灯 |
| 暖风机 |
| 排气扇 |
| 暗装单联开关 |
| 暗装双联开关 |
| 暗装三联开关 |
| 暗装四联开关 |
| 暗装单联双控开关 |
| 暗装双联双控开关 |
| 暗装三联双控开关 |
| 暗装四联双控开关 |

*图纸尺寸如有不符，以实际尺寸为准

< 图 7-18　一层灯具布置图

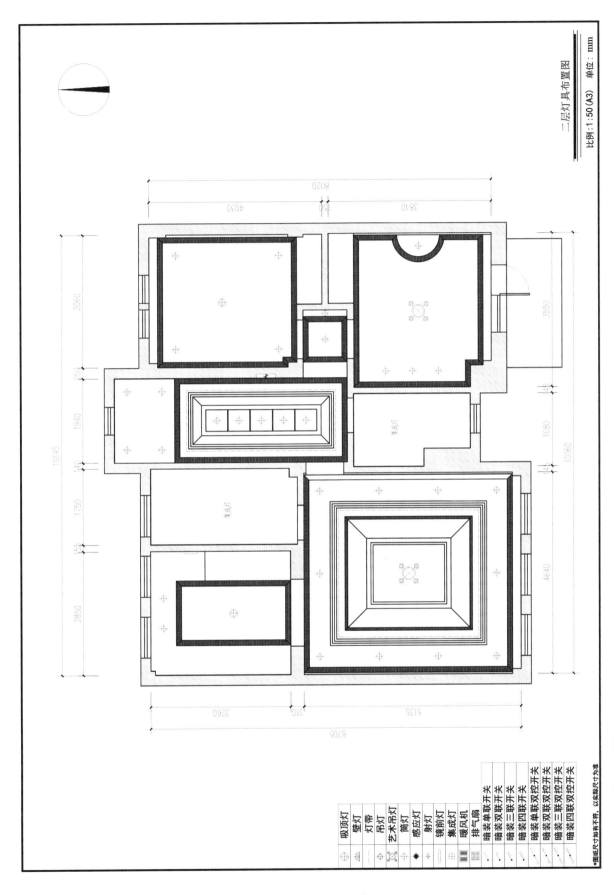

二层灯具布置图

比例：1:50 (A3)　单位：mm

	吸顶灯
	壁灯
	灯带
	吊灯
	艺术吊灯
	筒灯
	感应灯
	射灯
	镜前灯
	集成灯
	暖风机
	排气扇
	暗装单联开关
	暗装双联开关
	暗装三联开关
	暗装四联开关
	暗装单联双控开关
	暗装双联双控开关
	暗装三联双控开关
	暗装四联双控开关

*图纸尺寸如有不符，以实际尺寸为准

◁图 7-19　二层灯具布置图

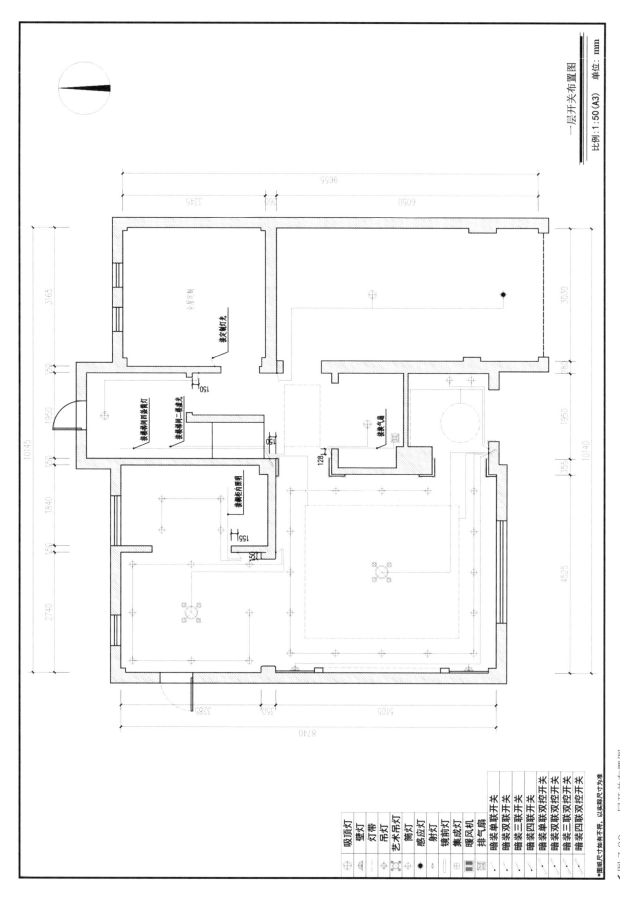

一层开关布置图

比例 1:50 (A3)
单位：mm

◀ 图 7-20 一层开关布置图

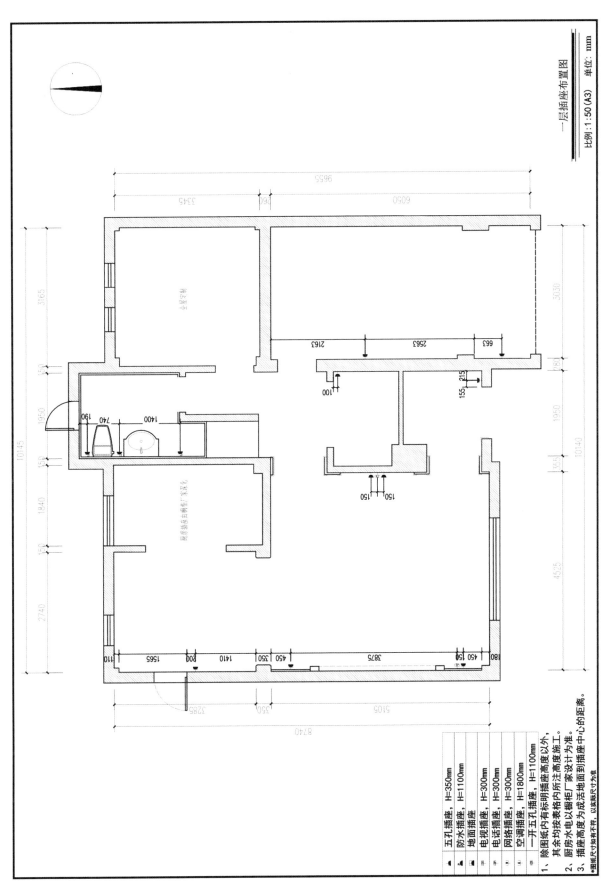

一层插座布置图

比例：1：50 (A3)　　单位：mm

五孔插座，H=350mm
防水插座，H=1100mm
地面插座
电视插座，H=300mm
电话插座，H=300mm
网络插座，H=300mm
空调插座，H=1800mm
一开五孔插座，H=1100mm

1、除图纸内有标明插座高度以外，
　其余均按表格内所注高度施工。
2、厨房水电以橱柜厂家设计为准。
3、插座高度为成品地面到插座中心的距离。
*图纸尺寸如有不符，以实际尺寸为准

<（图 7-21　一层插座布置图

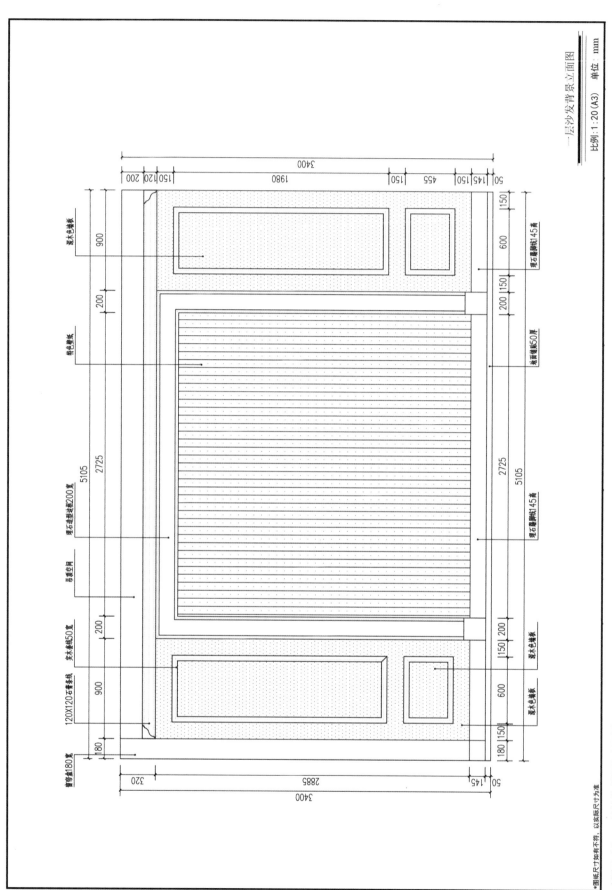

一层沙发背景立面图

比例：1：20 (A3)　单位：mm

*墙纸尺寸如有不符，以实际尺寸为准

< 图 7-22　一层沙发背景墙立面图

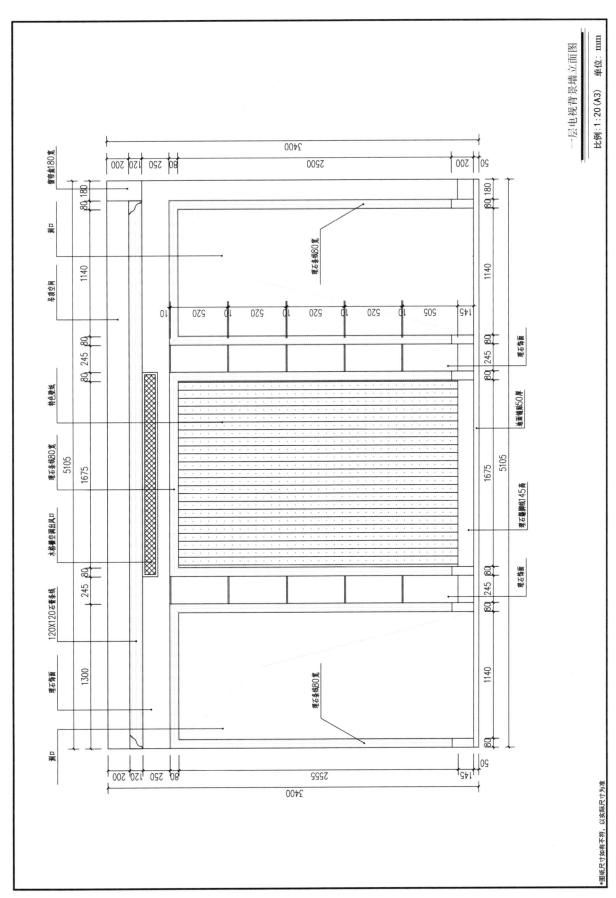

案例二　沈北新区温泉度假别墅

项目概况：沈北新区温泉度假别墅，300m²
设计公司：东易日盛沈阳分公司刘绍军设计中心
设计师：王之水

在这个空间里，到处弥漫着一种高雅气息，艺术的光影斑斑驳驳，每一个节点似乎都在诉说着一个故事，一个真正还原了生活本质的家，从容优雅。该项目旨在营造一个艺术、自然同时又具有文化氛围和灵魂的空间。

本案是位于沈北新区的温泉度假别墅，为业主的第二休闲居所，所以在前期的风格定位上选择了简约偏度假的整体风格。而与以往现代简约风格的高光泽地砖不同，本案以直线条搭配砂岩仿古

◀图 7-24　客厅效果图 1　　　◀图 7-25　客厅效果图 2　　　◀图 7-26　客厅效果图 3

◀图 7-27　餐厅效果图 1　　　　　　◀图 7-28　餐厅效果图 2

◀图 7-29　书房区效果图

◀图 7-30　休闲影视区效果图

◀图 7-31　卧室效果图

◀图 7-32　卫生间效果图

◀图 7-33　和室效果图

的地砖来区别于以往不同的整体效果，使业主踏入房屋的第一感官并非像回到第二个家的感觉，而是步入了一种休闲度假的氛围。

负一层作为配套空间，在采光和功能上做了细致考量，通过天井来打开空间的层次感，将阳光最大限度地引伸到室内，塑造宽敞明亮的休闲区域，感受自然与生命的纯美。

餐厅延续客厅的细腻精巧，木质方形餐桌与岛台相结合，搭配意式皮革餐椅，温馨的就餐氛围连着美食一起轻轻浸入五脏六腑，在唇齿间留香。自餐厅场域望向客厅，开放式空间在雅致花卉、别致的饰品和时尚家具的映衬之下，可媲美艺术画作，虽静止却难掩灵动、雅奢气度。

推开主卧的房门，沉稳冷静的米色调一如主人内敛而高雅的气质，散发出独特的魅力，风情万种就在这一点一滴中弥漫。主卧设计淡雅而又别致，与户外空间自然衔接，一气呵成。每一寸空间的流转，每一件家具的停泊，每一方色彩的绽放，都勾勒出卧室空间独有的场域气质。朴拙而不耀眼，含蓄如处子般静谧婉约，置身其中，不是人们口中冰冷的豪宅，这里就是心灵的家（如图7-24～图7-43所示）。

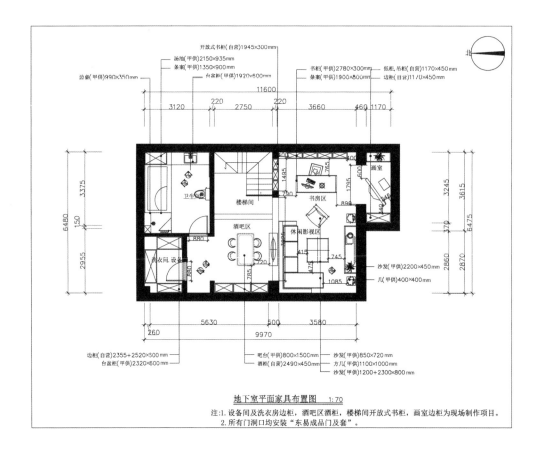

地下室平面家具布置图　1:70

注:1. 设备间及洗衣房边柜,酒吧区酒柜,楼梯间开放式书柜,画室边柜为现场制作项目。
　　2. 所有门洞口均安装"东易成品门及套"。

◀图 7-34　地下室平面家具布置图

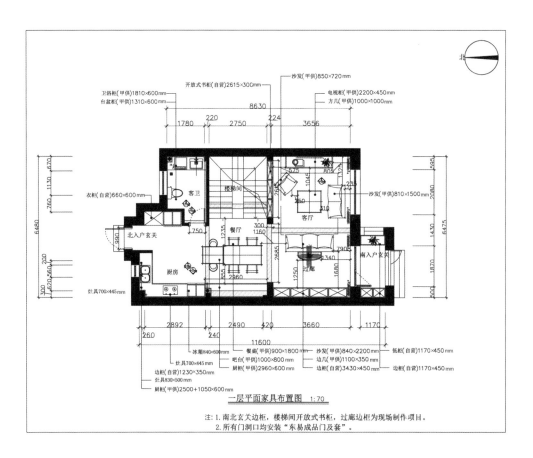

一层平面家具布置图　1:70

注:1. 南北玄关边柜,楼梯间开放式书柜,过廊边柜为现场制作项目。
　　2. 所有门洞口均安装"东易成品门及套"。

◀图 7-35　一层平面家具布置图

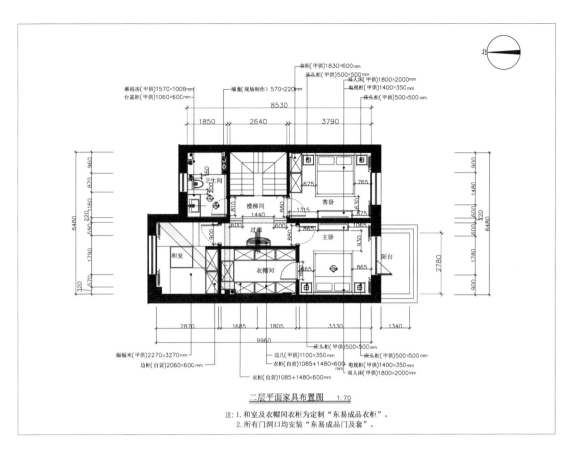

二层平面家具布置图 1:70

注: 1. 和室及衣帽间衣柜为定制"东易成品衣柜"。
　　2. 所有门洞口均安装"东易成品门及套"。

◄ 图7-36　二层平面家具布置图

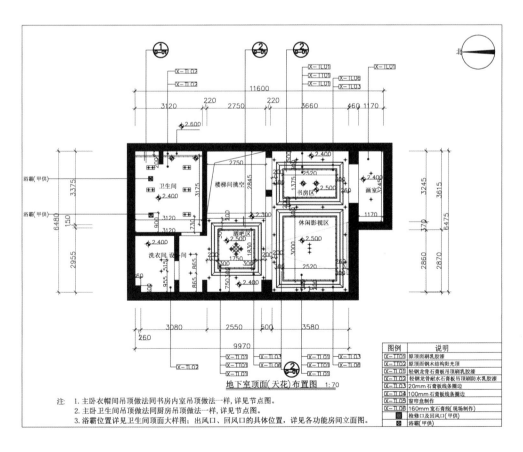

图例	说明
X-TL01	原顶面刷乳胶漆
X-TL02	原顶面钢木结构阳光顶
X-TL03	轻钢龙骨石膏板吊顶刷乳胶漆
X-TL03	轻钢龙骨耐水石膏板吊顶刷防水乳胶漆
X-TL03	20mm石膏板线条圈边
X-TL04	100mm石膏板线条圈边
X-TL05	窗帘盒制作
X-TL08	160mm宽石膏线(现场制作)
▨	检修口及回风口(甲供)
▩	浴霸(甲供)

地下室顶面(天花)布置图 1:70

注: 1. 主卧衣帽间吊顶做法同书房内室吊顶做法一样,详见节点图。
　　2. 主卧卫生间吊顶做法同厨房吊顶做法一样,详见节点图。
　　3. 浴霸位置详见卫生间顶面大样图;出风口、回风口的具体位置,详见各功能房间立面图。

◄ 图7-37　地下室顶面布置图(单位: mm)

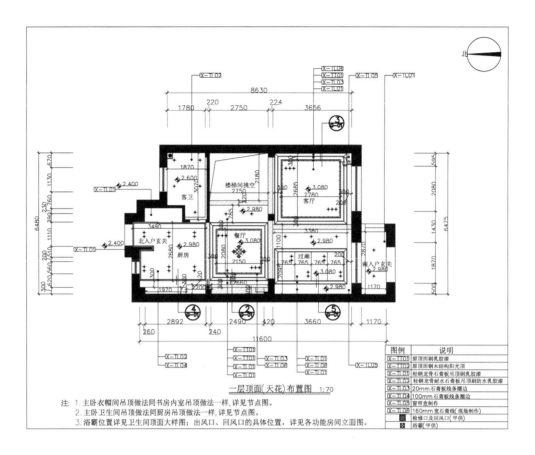

注: 1. 主卧衣帽间吊顶做法同书房内室吊顶做法一样，详见节点图。
    2. 主卧卫生间吊顶做法同厨房顶吊做法一样，详见节点图。
    3. 浴霸位置详见卫生间顶面大样图；出风口、回风口的具体位置，详见各功能房间立面图。

◀ 图 7-38　一层顶面布置图（单位：mm）

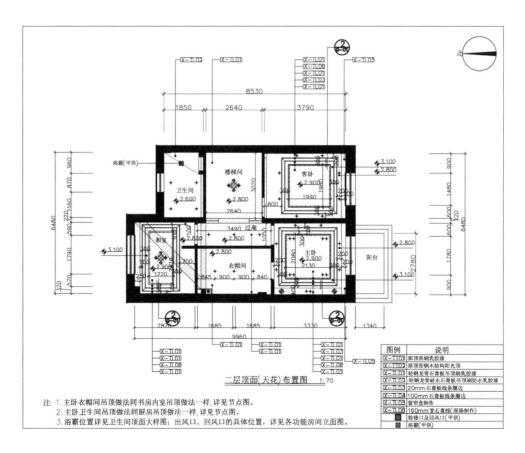

注: 1. 主卧衣帽间吊顶做法同书房内室吊顶做法一样，详见节点图。
    2. 主卧卫生间吊顶做法同厨房顶吊做法一样，详见节点图。
    3. 浴霸位置详见卫生间顶面大样图；出风口、回风口的具体位置，详见各功能房间立面图。

◀ 图 7-39　二层顶面布置图（单位：mm）

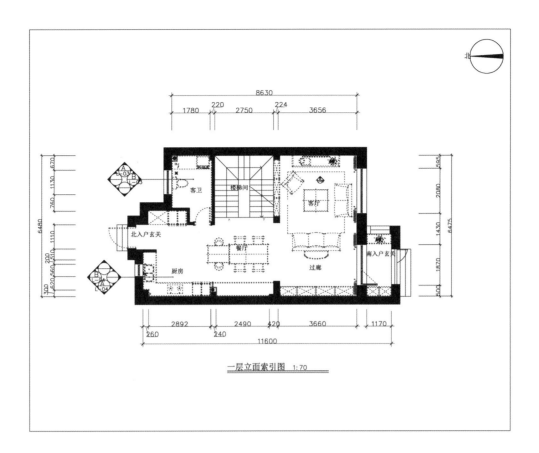

◀图 7-40　一层立面索引图（单位：mm）

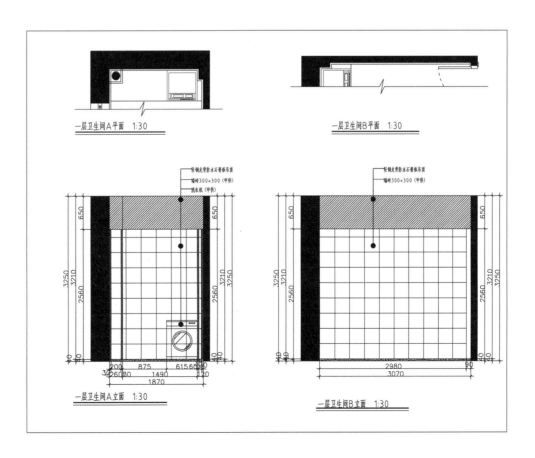

◀图 7-41　一层卫生间平立面图（单位：mm）

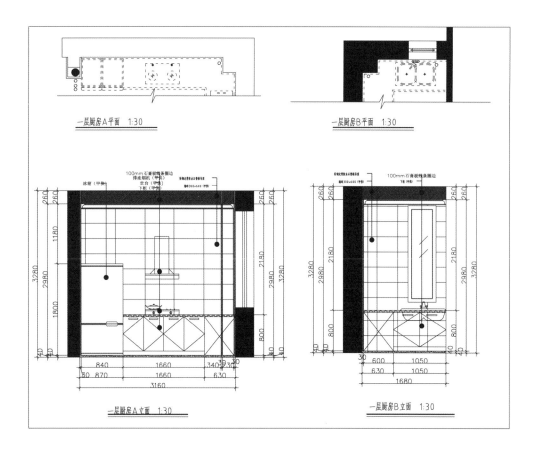

◀ 图 7-42　一层厨房平立面图（单位：mm）

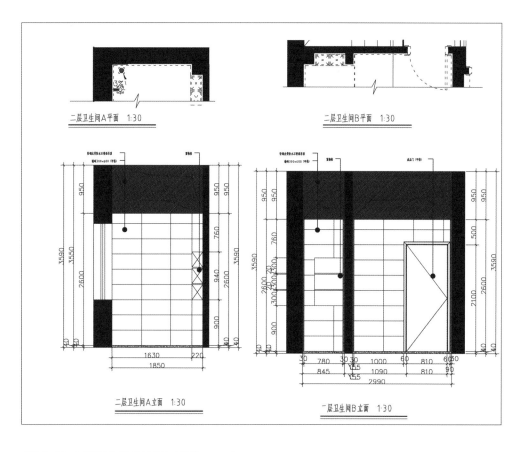

◀ 图 7-43　二层卫生间平立面图（单位：mm）

案例三　通辽碧桂园别墅

项目概况：通辽碧桂园别墅，460m^2

设计公司：辽宁方林装饰集团

设计师：于卓鑫

本案运用合理的布局、独特的设计，彰显恢宏的气势，营造雅致舒适的别墅空间，如图7-44～图7-73所示。现代中式风格家具继承了传统文化中的规则、大方之美，圆餐桌的设计显示出东方文化中的美感，让整个家居生活不再单调，古典韵味之中透着淡淡的时尚。

玄关在整个住宅里是一个"缓冲过渡"的地段，这里的玄关设计成了一个带有中国文化特色的走廊，由中国传统的圆窗做半遮挡，向客厅内部望去若隐若现。走廊处的陈设以及座椅就是一种艺术，令人称叹，与深敛浓厚的中式家具构成一道美丽的风景。墙面淡淡的米白色的现代感准确的诠释了现代中式装饰的精髓，使玄关处形成一个开阔的明朗的空间。

◀图 7-44　客厅效果图 1

◀图 7-45　客厅效果图 2

◀图 7-46　客厅效果图 3

◀图 7-47　走廊效果图

◀图 7-48　过廊效果图

◀图 7-49　茶室效果图

客厅是一个放松之所，本案客厅以通透开阔的设计为主，米白色墙面和布艺沙发相映成趣。舒适的木质座椅、木制古典桌子没有太复杂的造型，却能简单干练的营造出现代中式家居空间的氛围。马廊的回形纹样与地毯的纹样遥相呼应，组织出一个家居的空间构成。室内温馨的灯光和各个材质的肌理效果，营造出舒适雅致的感觉。

卧室是高度隐私的地方，也是最能展现现代中式风格的"轻松生活"的一面。颜色轻快的床品，再点缀些暖色调、金属质感的墙壁装饰画，把豪华气派的细节和轻松自在的生活完美结合起来，使整个空间更加静谧和温馨。

◀图 7-50　过廊看餐厅效果图

◀图 7-51　楼梯间过廊效果图　　◀图 7-52　整体效果图　　◀图 7-53　门厅效果图

◀图 7-54　餐厅效果图

◀图 7-55　二楼北卧室效果图

◀图 7-56　二楼南卧室效果图

　　书房设计要制造出安宁、高雅、明亮的书香气息，同时又要提供书写、阅读、创作、研究和书刊储存的条件。书房内除顶棚灯和台灯外，还在书柜顶安了射灯，便于主人阅读和查找书籍。书房运用了大面积书橱既解决贮书需要又充满个性，地面选用了木质地板更能体现书香气息，表现主人的文化涵养。

◀图 7-57　二楼卫生间效果图

◀图 7-58　三楼主卧室效果图 1

◀图 7-59　三楼主卧室效果图 2

◀图 7-60　三楼主卧室效果图 3

◀图 7-61　三楼书房效果图 1

◀图 7-62　三楼书房效果图 2

◀图 7-63　三楼卫生间效果图

◀图 7-64　三楼楼梯间效果图

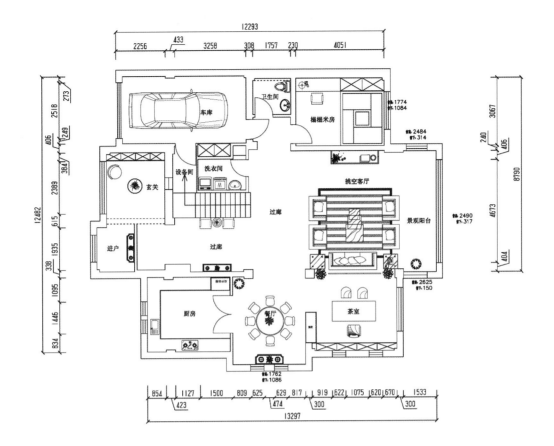

◀ 图 7-65　一楼平面布置图（单位：mm）

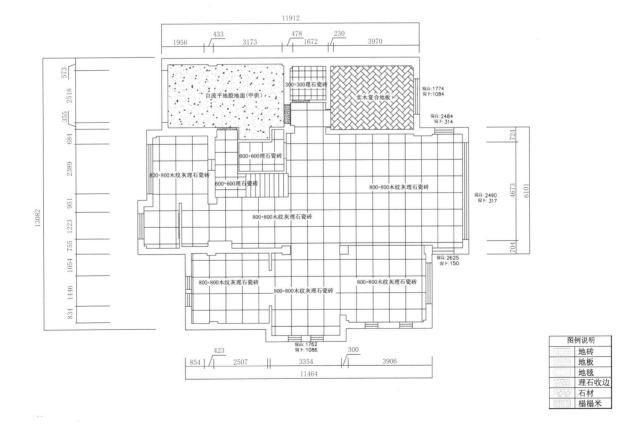

◀ 图 7-66　一楼地面材质图（单位：mm）

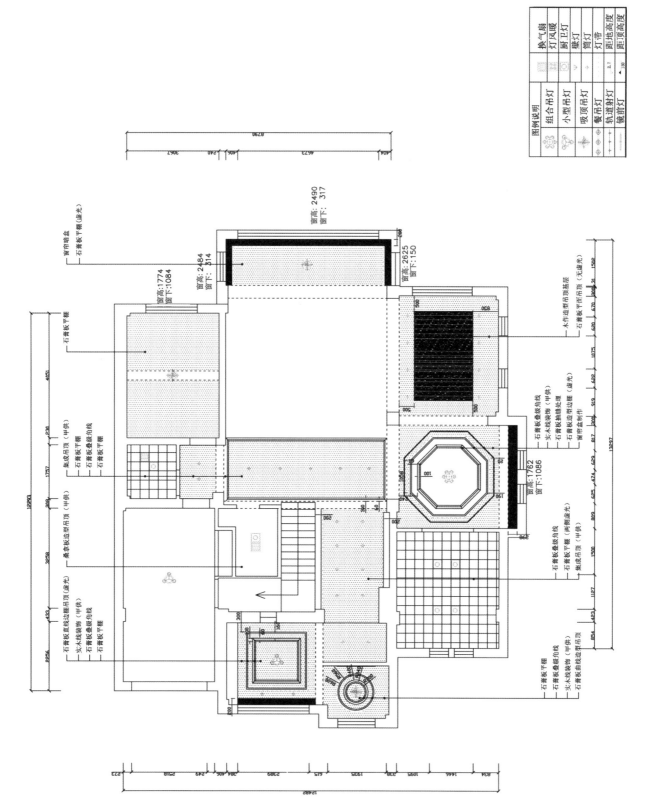

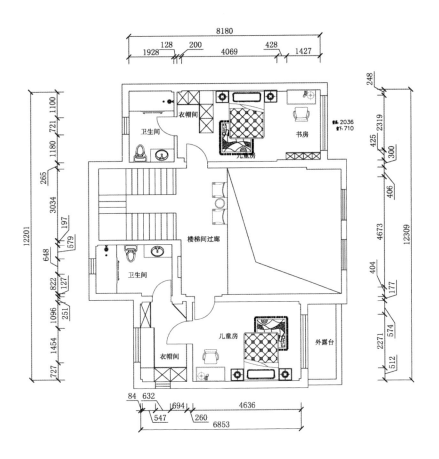

< 图 7-68　二楼平面布置图（单位：mm）

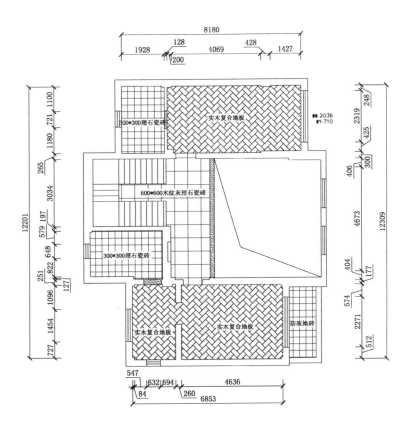

< 图 7-69　二楼地面材质图（单位：mm）

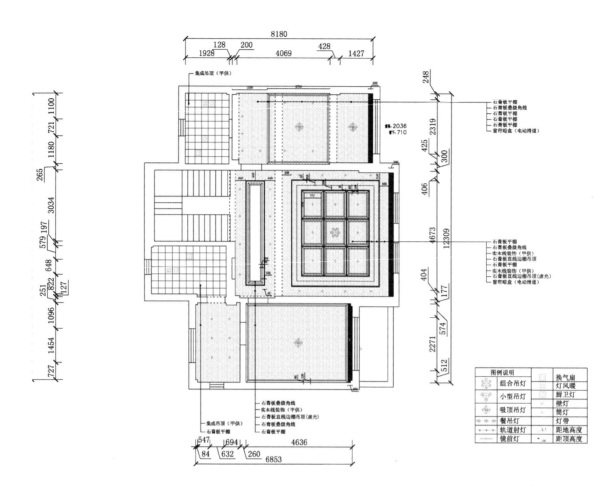

図例説明

图例说明		
组合吊灯		换气扇
小型吊灯		灯风暖
吸顶吊灯		厨卫灯
餐吊灯		壁灯
轨道射灯		筒灯
镜前灯		灯带
		距地高度
		距顶高度

‹图 7-70 二楼顶棚布置图（单位：mm）

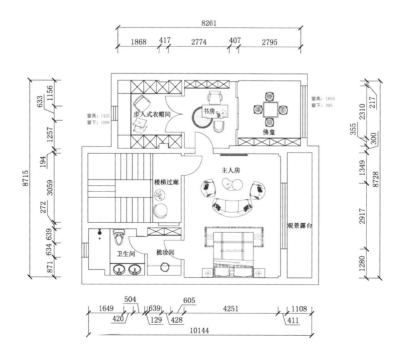

‹图 7-71 三楼平面布置图（单位：mm）

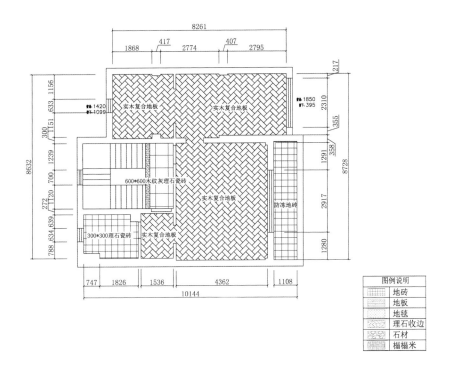

图 7-72 三楼地面材质图（单位：mm）

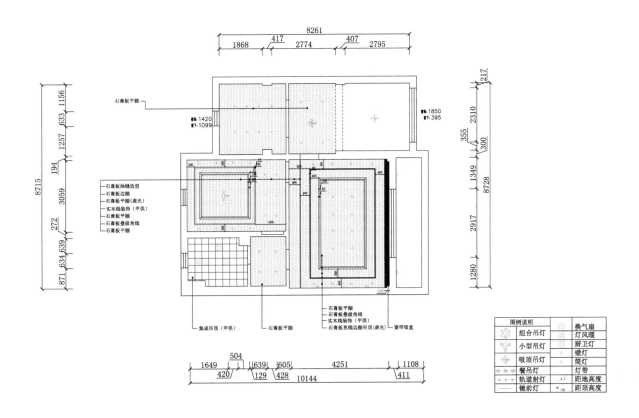

图 7-73 三楼顶棚布置图（单位：mm）

案例四　沈阳新世界

项目概况：沈阳新世界，189m²
设计公司：沈阳林凤伟业装饰装修工程有限公司
设计师：吕亮
此案设计理念主要是通过欧式线角丰富的变化，以及软装配饰来彰显业主所追求的空间氛围，使整个空间有的不是豪华大气而是高端品位的生活体验，更多的是惬意和浪漫。通过完美的线条感

◀图 7-74　客厅效果图 1

◀图 7-75　客厅效果图 2

◀图 7-76　客厅效果图 3

◀图 7-77　客厅效果图 4

◁图 7-78　客厅效果图 5

◁图 7-80　餐厅效果图 2

◁图 7-81　钢琴间效果图 1

◁图 7-82　钢琴间效果图 2

◁图 7-83　门厅效果图

和精益求精的细节处理，带给居住者无尽的舒适感。整体空间采用白色为主色调，点缀以金属色和蓝色的配饰，营造浪漫奢华的感觉（如图7-74～图7-91所示）。

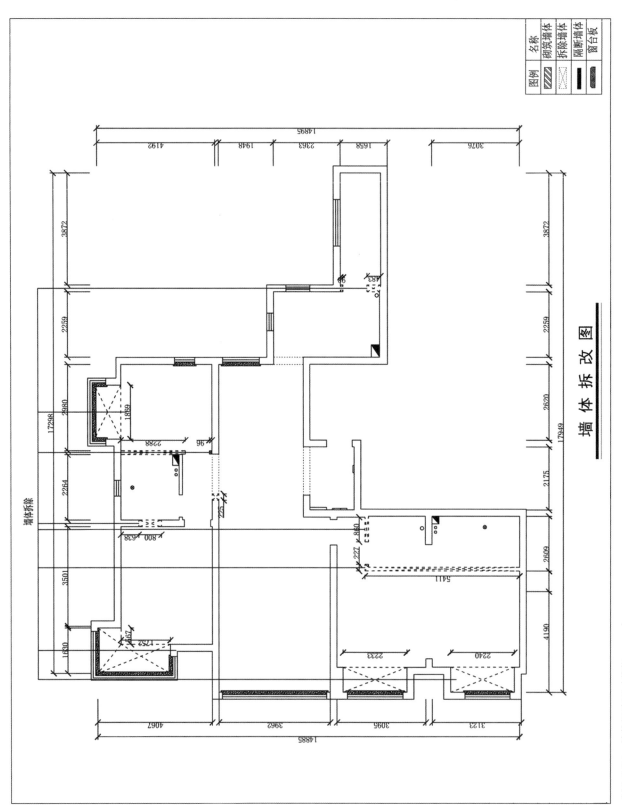

图例 | 名称
ZZZ | 砌筑墙体
※※ | 拆除墙体
— | 隔断墙体
▬ | 窗台板

墙体拆改图

墙体拆除

〈 图 7-84 墙体拆改图（单位：mm）

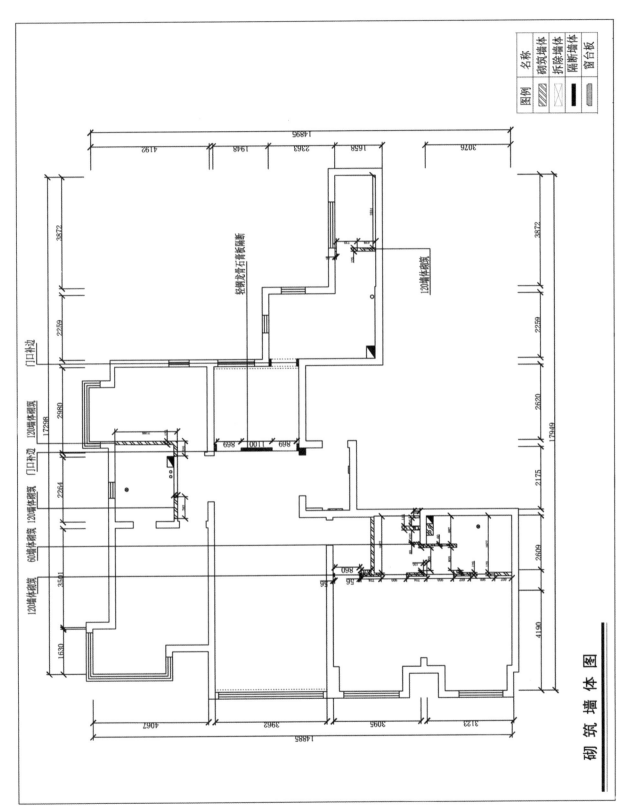

砌筑墙体图

<图 7-85 砌筑墙体图（单位：mm）

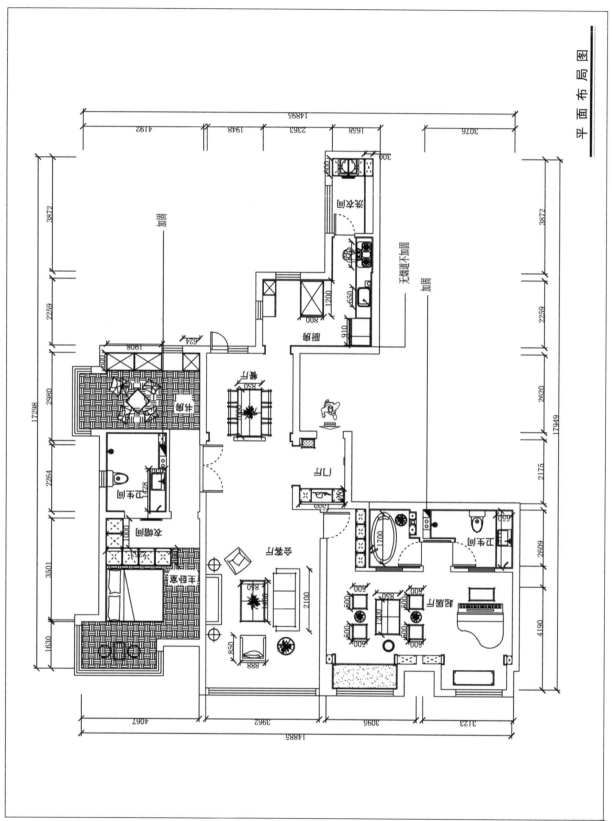

平 面 布 局 图

< 图 7-86　平面布局图（单位：mm）

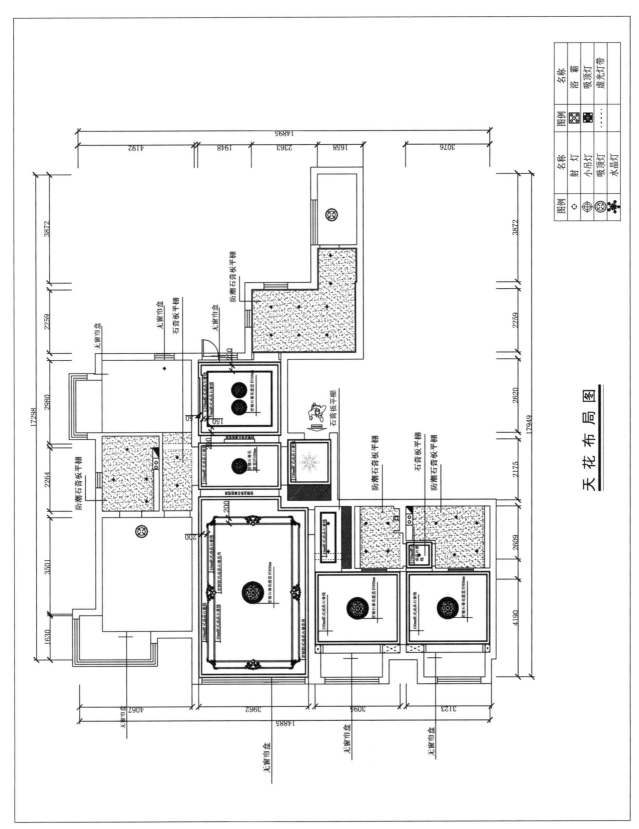

天花布局图

◁图 7-87 天花布局图（单位：mm）

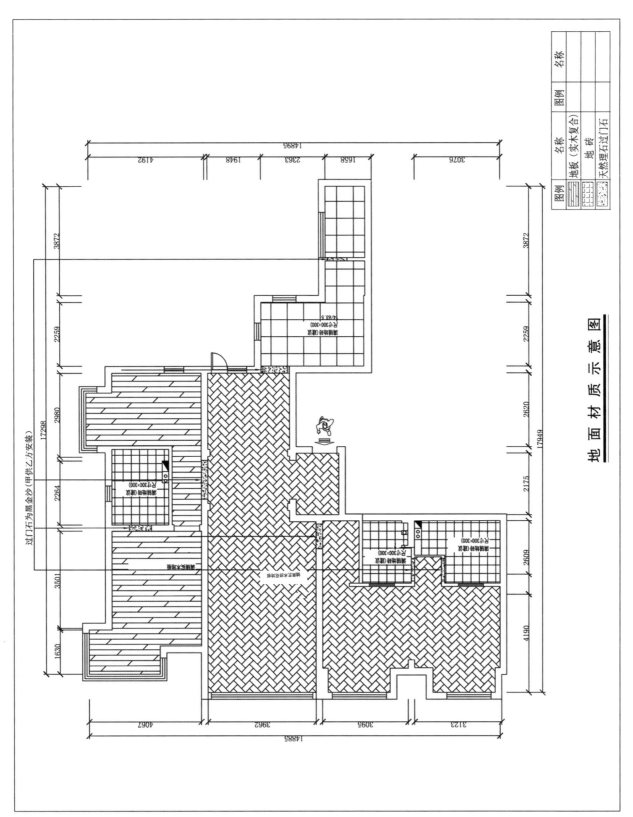

地面材质示意图

图例 | 名称
图例 | 地板（实木复合）
图例 | 地砖
图例 | 天然理石过门石

＜图 7-88 地面材质示意图（单位：mm）

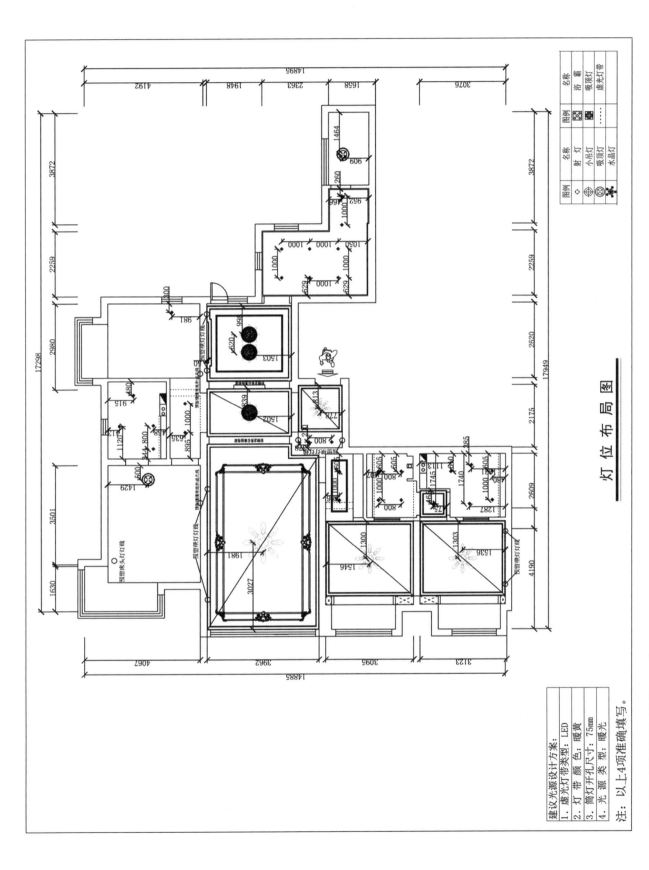

灯 位 布 局 图

建议光源设计方案：
1. 虚光灯带类型：LED
2. 灯 带 颜 色：暖黄
3. 筒灯开孔尺寸：75mm
4. 光 源 类 型：暖光

注：以上4项准确填写。

◁图 7-89 灯位布局图（单位：mm）

图例	名称	图例	名称
⋄	射 灯		浴 霸
⊕	小吊灯		吸顶灯
	吸顶灯	⋯⋯	虚光灯带
	水晶灯		

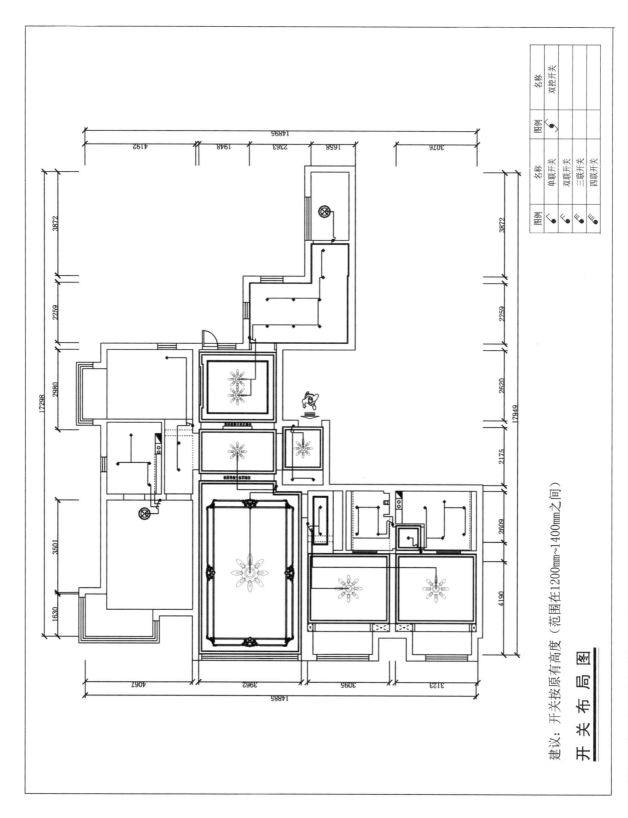

建议：开关按原有高度（范围在1200mm~1400mm之间）

开 关 布 局 图

< 图 7-90 开关布局图（单位：mm）

图例	名称	图例	名称
	单联开关		双控开关
	双联开关		
	三联开关		
	四联开关		

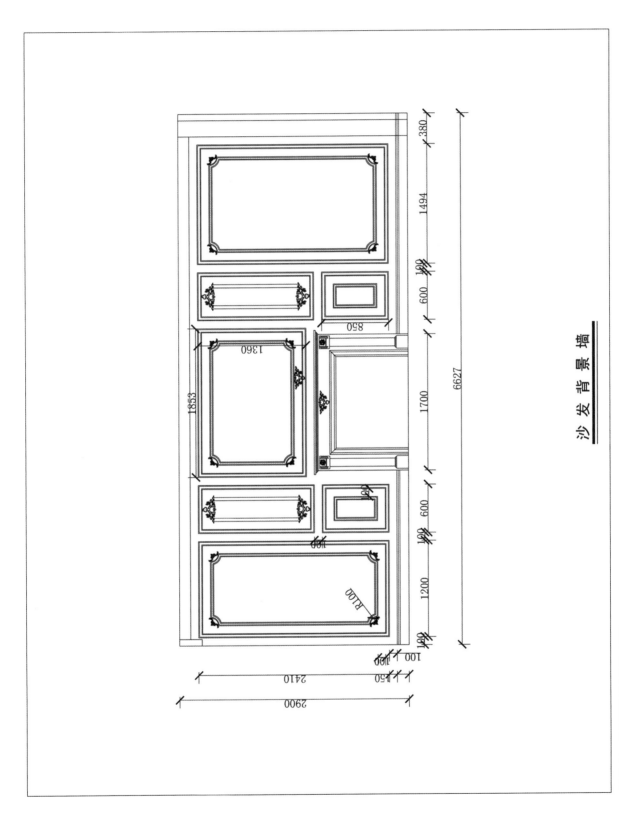

沙 发 背 景 墙

〈图 7-91 沙发背景墙立面图 (单位: mm)

案例五　茂业金廊公寓

项目概况：茂业金廊公寓，85m^2
设计公司：零空间设计工作室
设计师：白金

现代时尚的黑白灰室内色彩搭配，以其精致、细腻的个人感受，赢得当下设计师的青睐。深胡桃色立面的玄关入口背景墙，大气深邃，搭配亮白色的乳胶漆墙面、黑色玄关柜，创造出一深一浅的变化，家具的存在感增强。挺括通透的白纱帘，在呼应室内色彩的同时更显其飘逸。深灰色的布艺沙发，在灯光的照耀下，更具品质感。蓝色的抽象挂画、黄白相间的布艺办公椅，为空间注入奢华的时尚气息。整个空间时尚大气且精致通透（如图7-92～图7-111所示）。

◀图 7-92　玄关设计

◀图 7-93　客厅设计

◀图 7-94　立面效果 1

◀图 7-95　立面效果 2

◀图 7-96　餐厅设计

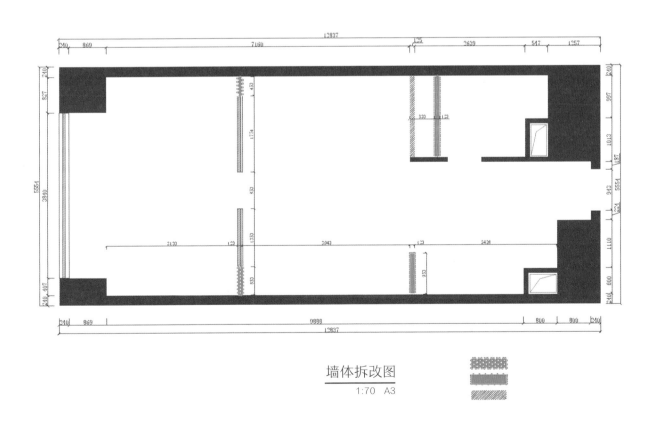

墙体拆改图

1:70　A3

◀图 7-97　墙体拆改图（单位：mm）

平面布置图

1:70　A3

◀图 7-98　平面布置图（单位：mm）

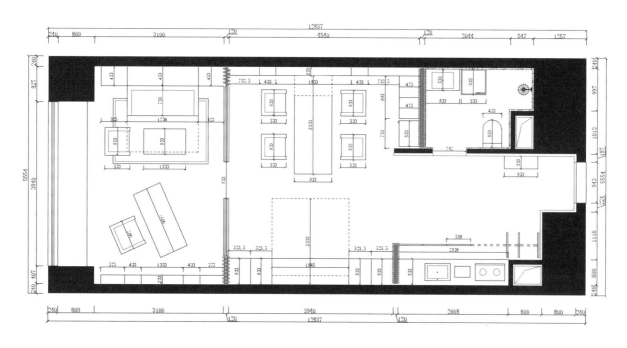

陈设尺寸图

1:70　A3

◀图 7-99　陈设尺寸图（单位：mm）

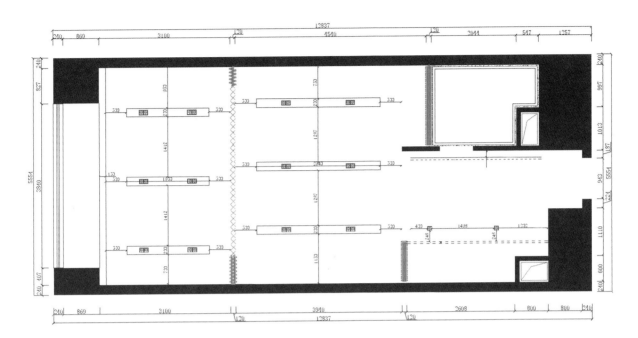

天花布置图
1:70　A3

◀图 7-100　天花布置图（单位：mm）

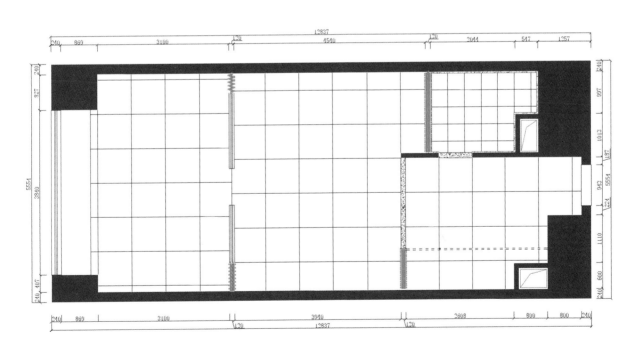

地面材质图
1:70　A3

◀图 7-101　地面材质图（单位：mm）

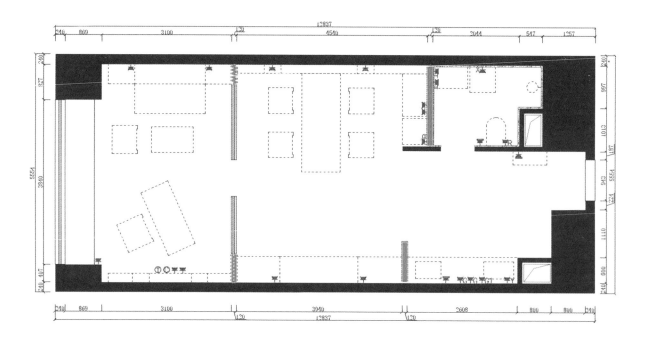

插座布置图

1:70 A3

◀图 7-102 插座布置图（单位：mm）

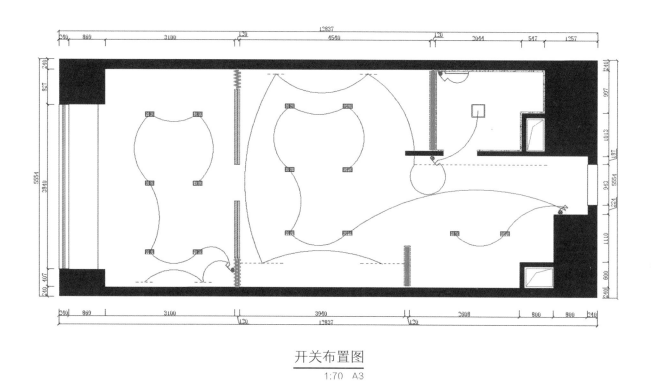

开关布置图

1:70 A3

◀图 7-103 开关布置图（单位：mm）

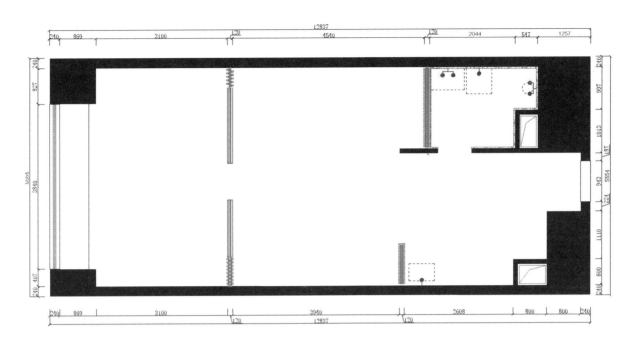

水点布置图

1:70 A3

◀图 7-104 水点布置图（单位：mm）

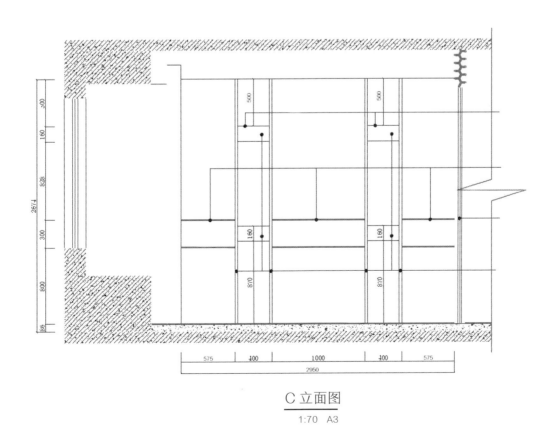

C 立面图

1:70 A3

◀图 7-105 C 立面图（单位：mm）

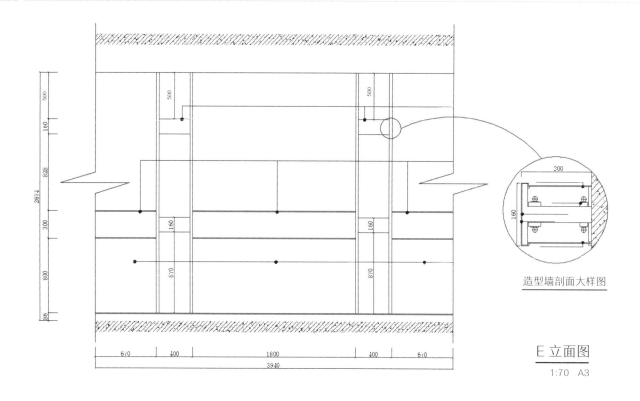

E 立面图

1:70 A3

造型墙剖面大样图

◀图 7-106 E 立面图（单位：mm）

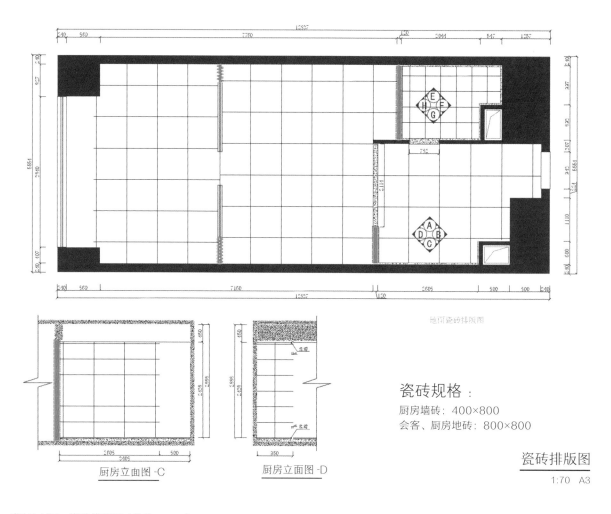

厨房立面图 -C

厨房立面图 -D

瓷砖规格：

厨房墙砖：400×800
会客、厨房地砖：800×800

瓷砖排版图

1:70 A3

◀图 7-107 瓷砖排版图（单位：mm）

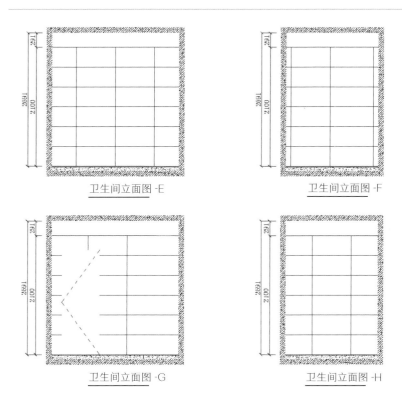

卫生间立面图 -E

卫生间立面图 -F

卫生间立面图 -G

卫生间立面图 -H

瓷砖规格：

卫生间墙砖：400×800
卫生间地砖：400×400

卫生间瓷砖排版图

1:70 A3

◀图 7-108 卫生间瓷砖排版图（单位：mm）

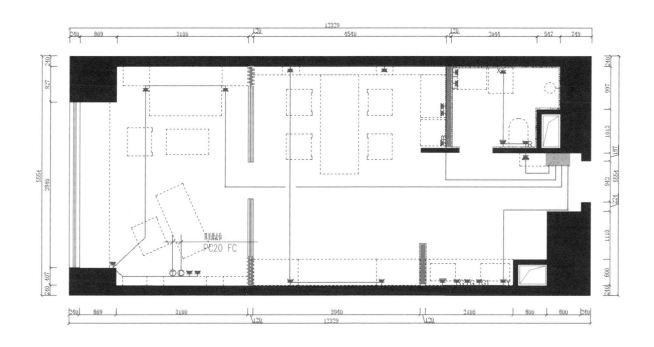

插座平面图

1:70 A3

◀图 7-109 插座平面图（单位：mm）

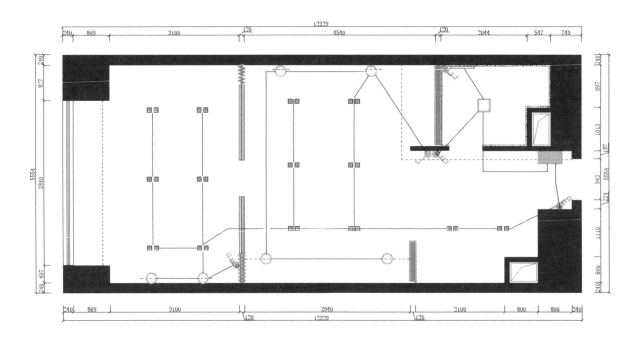

照明平面图

1:70 A3

◀图 7-110 照明平面图（单位：mm）

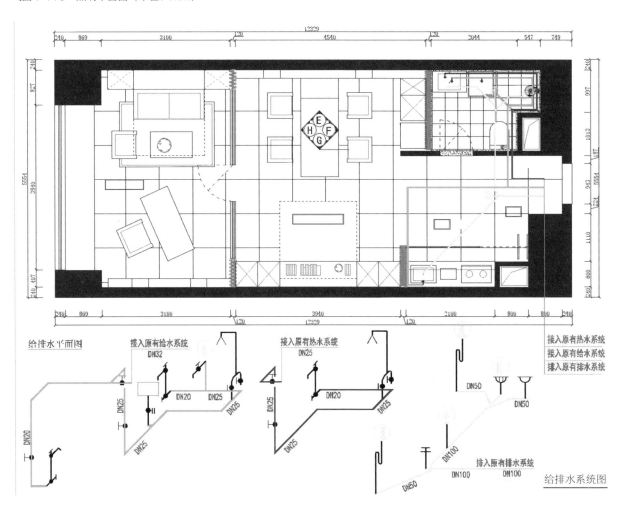

◀图 7-111 给排水系统图（单位：mm）

案例六 《净·界》天泓山庄

项目概况：《净·界》天泓山庄，202m^2

设计公司：江苏锦华建筑装饰设计工程有限公司

设计师：赵兵

少就是多，用"清空"来减压。清净，宁静，家空间。

这次设计没有多余的装饰，没有为了做一面装饰墙，而刻意地做一面装饰。整个房子只有楼梯

◀图 7-112　客厅全景设计 1

◀图 7-113　客厅全景设计 2

◀图 7-114　客厅全景设计 3

做了一点设计，却仅仅是满足了楼梯的功能而已。吊顶也只是做了一点点不仔细看都看不到小圆弧转角，吊顶造型只是为了掩盖中央空调而已。其他，没有了，真的。不光是视觉效果的简单，整个思路，也不复杂，房主最终很喜欢，她说在这间房子里，没有任何压力。所以设计说明我也不需要文绉绉的写太多，只为了简单，简单的心情，简单的生活（如图7-112～图7-119所示）。

◀图 7-115　客厅、餐厅设计

◀图 7-116　客厅电视背景墙设计

◀图 7-117　餐厅设计

◀图 7-118　书房设计

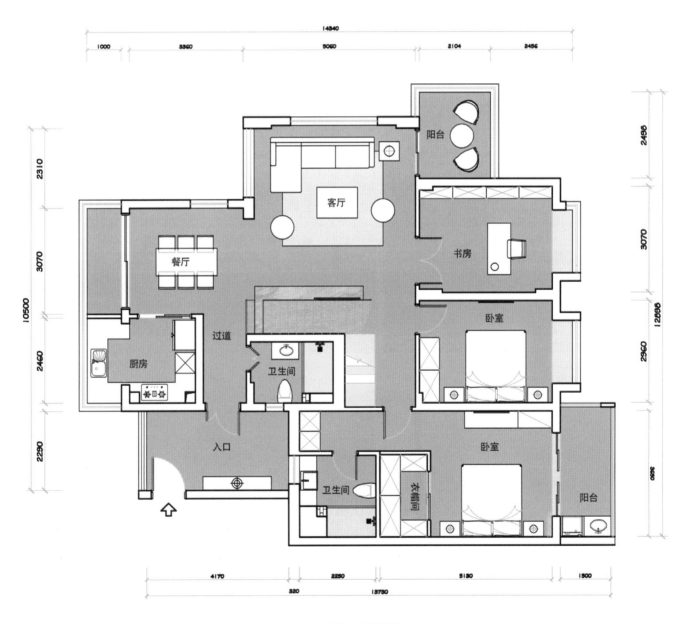

平面布置图

比例: 1/70

◀图 7-119　平面布置图（单位：mm）

案例七 沈阳华润橡树湾

项目概况：沈阳华润橡树湾，240 m^2
设计公司：沈阳今朝装饰设计有限公司
设计师：范宏伟

本次设计项目，位于辽宁省沈阳市，是一户平层洋房。业主为三口之家，女儿尚小，夫妻在设计上比较重视舒适性。

在原餐厅的位置设计了一个衣帽间，外扩的阳光房分为影音室和活动室两个区域。入户玄关布置了衣帽柜、穿鞋凳、穿衣镜等，方便出门、回家、客人拜访时收纳使用。客厅与走廊相连接，设计师考虑到区域划分，如果用隔断或家具作为区域划分，则浪费空间，影响通透性，因此设计师在天花和地面予以区分，客厅与走廊分别做吊棚，地面用波打线区分，上下呼应，大方得体。设计师

◁ 图 7-120 客厅装修前

◁ 图 7-121 客厅装修后

◁ 图 7-122 主卧室装修前

◁ 图 7-123 主卧室装修后

❮ 图 7-124 客卫装修前

❮ 图 7-125 客卫装修后

❮ 图 7-126 过廊装修前

❮ 图 7-127 过廊装修后

考虑到业主家里有小孩，电视背景墙不宜选用石材、壁纸等，避免辐射和甲醛超标。因此用石膏广线做框，框内乳胶漆调浅蓝色，简洁大方。私密空间保留三个卧室，主卧室、儿童房、榻榻米室。主卧室为男女主人居住，儿童房留给小女儿，榻榻米室把书房与卧室融为一体，真正做到了既有休息的空间，也有办公的空间，还有储物的空间，三者合一，合理利用空间。开放性的厨房，用一组实木制吧台把厨房与餐厅隔开，保留整个空间的通透性，贴有充满怀旧感的仿古砖，凸显着美式风格。经过客厅，来到了外扩的露台上，设计师经过再三斟酌采用阳光房的设计方案。男主人公喜欢看影片，一直梦想着自己家有单独的影音室，设计师在阳光房中设计了采光很好的影音室，包括室内的娱乐活动区域，工作闲暇时，约上三五好友喝喝茶，玩会桌球，缓解工作带来的压力（如图7-120～图7-139所示）。

◀ 图 7-128 　厨房装修前　　　　　◀ 图 7-129 　厨房装修后

◀ 图 7-130 　客厅效果图 1　　　　　◀ 图 7-131 　客厅效果图 2

◀ 图 7-132 　客厅效果图 3　　　　◀ 图 7-133 　门厅效果图　　　　◀ 图 7-134 　餐厅效果图

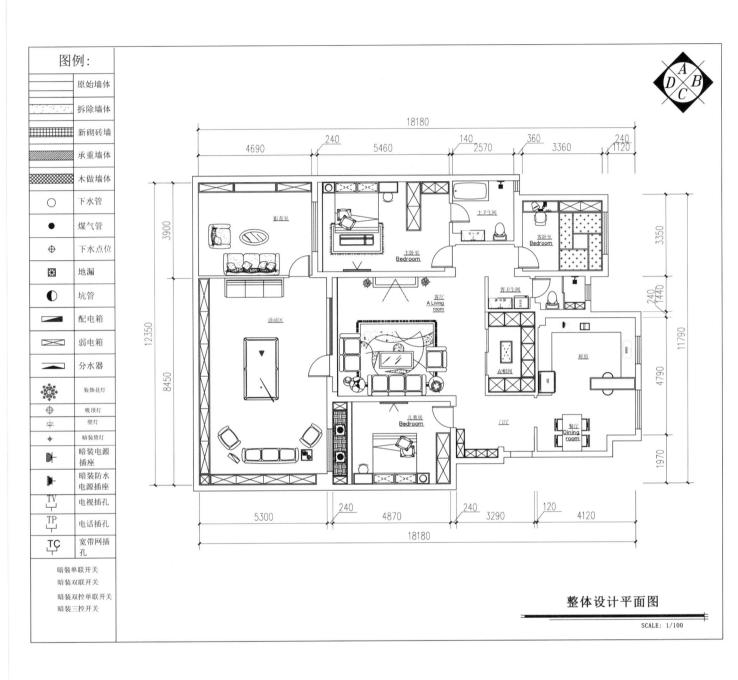

‹ 图 7-135 平面布置图（单位：mm）

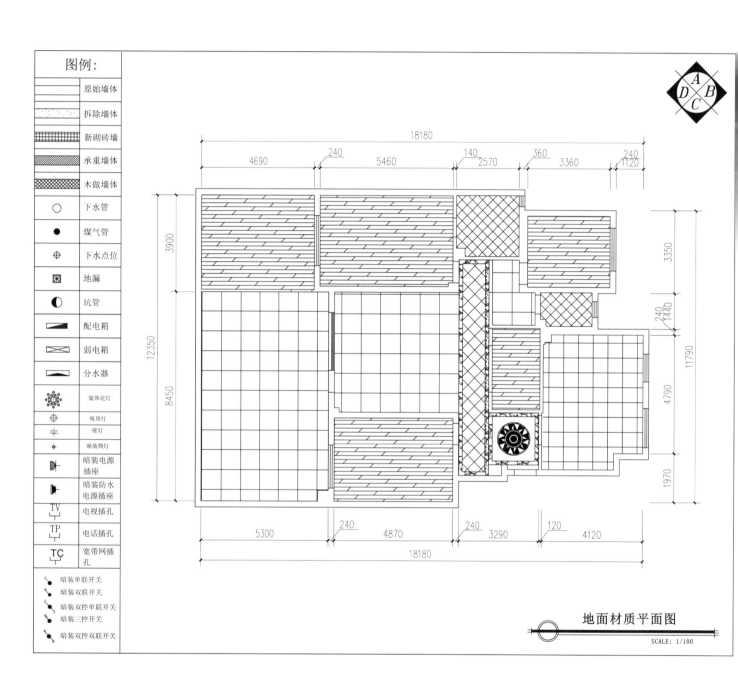

图例：

	原始墙体
	拆除墙体
	新砌砖墙
	承重墙体
	木做墙体
○	下水管
●	煤气管
⊕	下水点位
▦	地漏
◑	坑管
▰	配电箱
⬖	弱电箱
▭	分水器
✳	装饰花灯
⊕	吸顶灯
⊥	壁灯
◆	暗装筒灯
⬦	暗装电源插座
⬨	暗装防水电源插座
TV	电视插孔
TP	电话插孔
TC	宽带网插孔
↘	暗装单联开关
↘	暗装双联开关
↘	暗装双控单联开关
↘	暗装三控开关
↘	暗装双控双联开关

18180
4690 240 5460 140 2570 360 3360 240 1120

3900
12350
8450

3350
240
1440
11790
4790
1970

5300 240 4870 240 3290 120 4120
18180

地面材质平面图

SCALE: 1/100

◁图 7-136　地面铺设图（单位：mm）

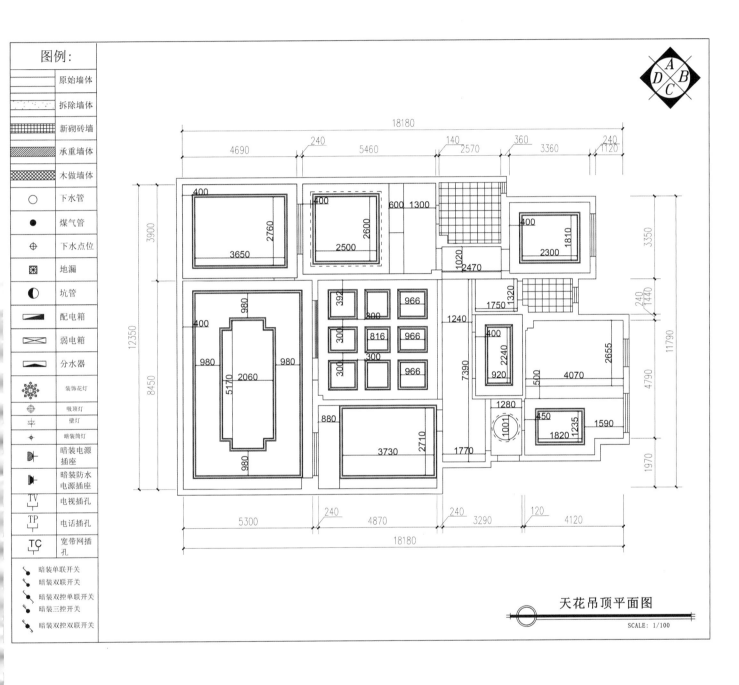

图例:

	原始墙体
	拆除墙体
	新砌砖墙
	承重墙体
	木做墙体
○	下水管
●	煤气管
⊕	下水点位
▦	地漏
◑	坑管
▬	配电箱
⊠	弱电箱
▭	分水器
✺	装饰花灯
⊕	吸顶灯
⊕	壁灯
◆	暗装筒灯
▶	暗装电源插座
▶	暗装防水电源插座
TV	电视插孔
TP	电话插孔
TC	宽带网插孔
↘	暗装单联开关
↘	暗装双联开关
↗	暗装双控单联开关
↗	暗装三控开关
↗	暗装双控双联开关

天花吊顶平面图

SCALE: 1/100

< 图 7-137　天花布置图（单位：mm）

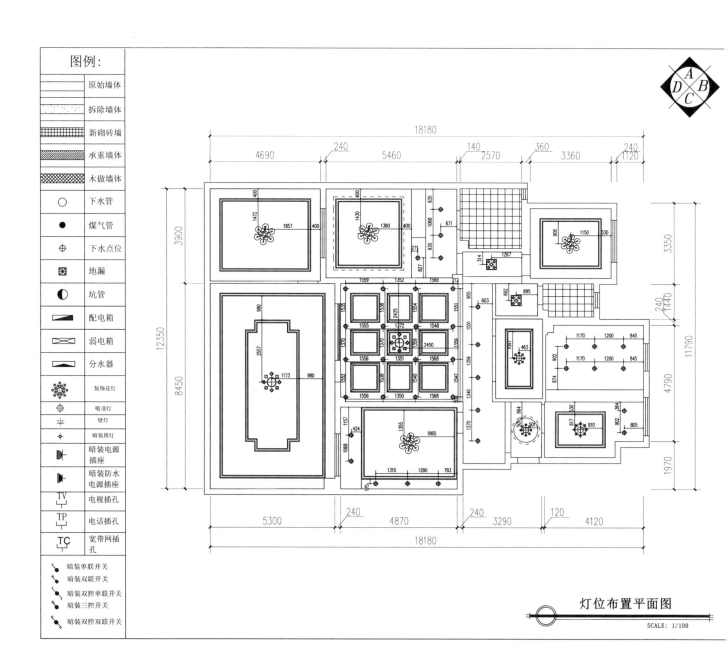

图例：

图例	名称
	原始墙体
	拆除墙体
	新砌砖墙
	承重墙体
	木做墙体
○	下水管
●	煤气管
⊕	下水点位
▦	地漏
◑	坑管
▱	配电箱
⋈	弱电箱
▭	分水器
✳	装饰花灯
⊕	吸顶灯
⊥	壁灯
✦	暗装筒灯
▶	暗装电源插座
▶	暗装防水电源插座
TV	电视插孔
TP	电话插孔
TC	宽带网插孔
⌐	暗装单联开关
⌐	暗装双联开关
⌐	暗装双控单联开关
⌐	暗装三控开关
⌐	暗装双控双联开关

灯位布置平面图

SCALE: 1/100

◀图 7-138　灯位布置图（单位：mm）

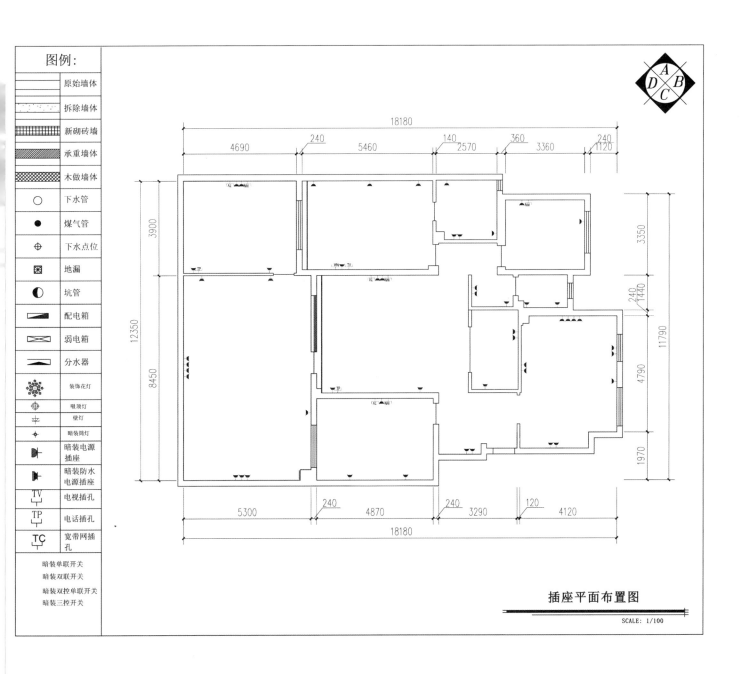

◀图 7-139 插座布置图（单位：mm）

案例八　中海龙湾别墅

项目概况：中海龙湾别墅，413 m^2
设计公司：香港榀森设计有限公司
设计师：张秭含

本次设计项目是一栋三层别墅，通过了解，主人有三个家庭成员。程先生也就是男主人，商业精英，做事雷厉风行，利落中还带有细心，工作时间紧密，放松时间安排恰当，是位追求品质、喜好奢华、对生活的环境要求完美的人。而欧式新古典风格正是对主人品位最好的诠释，它打破了纯欧式古典装饰风格单一的格局。在一个家居环境中，不同居室的风格给主人带来的生活方式也是不同的。这是一种对古典建筑精髓深深的偏爱，在理解和提炼的基础上，用现代的工艺手段表现一种典雅精美、富有浓郁的装饰味道。

◀图 7-140　客厅效果图 1

◀图 7-141　客厅效果图 2

◀图 7-142　客厅效果图 3

◀图 7-143　客厅效果图 4

◀图 7-144　客厅效果图 5

< 图 7-145　餐厅效果图 1

< 图 7-146　餐厅效果图 2

< 图 7-147　书房效果图 1

< 图 7-148　书房效果图 2

　　本次设计的特色是将繁复的装饰凝练得更为含蓄精雅，为硬而直的线条配上温婉雅致的软性装饰，将古典注入简洁实用的现代元素设计，使得空间更具灵性，古典的美丽穿透岁月，在主人的身边活色生香，从整体到局部都给人一些不同的印象，也正好符合主人的性格，磅礴、厚重、优雅与大气（如图7-140～图7-157所示）。

< 图 7-149　主卧效果图 1

< 图 7-150　主卧效果图 2

< 图 7-151　主卧效果图 3

< 图 7-152　次卧效果图

图 7-153 卫生间效果图　　　　　图 7-154 地下室影音室效果图

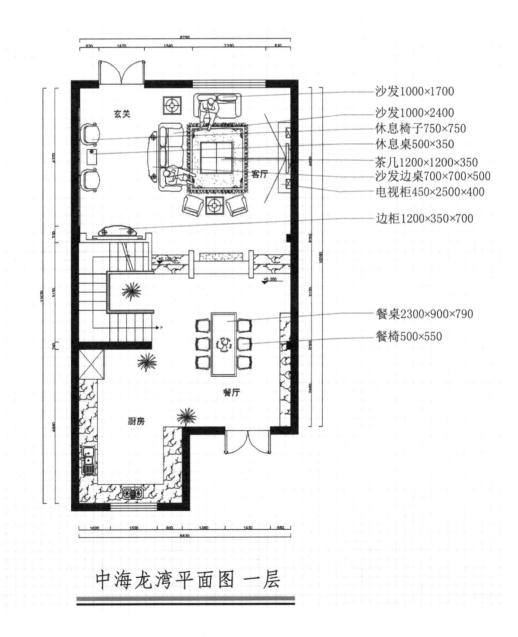

沙发1000×1700
沙发1000×2400
休息椅子750×750
休息桌500×350
茶几1200×1200×350
沙发边桌700×700×500
电视柜450×2500×400

边柜1200×350×700

餐桌2300×900×790
餐椅500×550

中海龙湾平面图 一层

图 7-155　一层平面布置图（单位：mm）

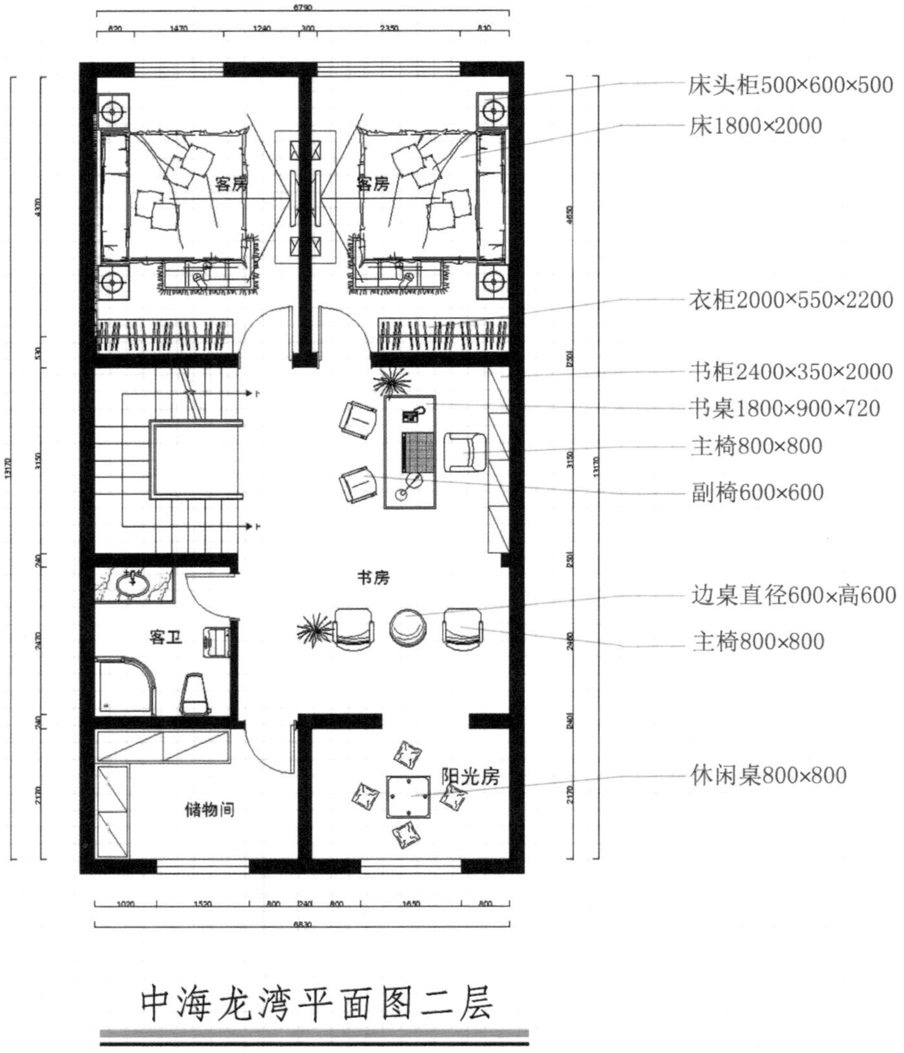

中海龙湾平面图三层

床2000×2200
茶几600×800
沙发1600×900
床头柜800×450
梳妆台1200×700
梳妆椅700×700

边柜120×350×700

主卧

衣帽间

卫生间

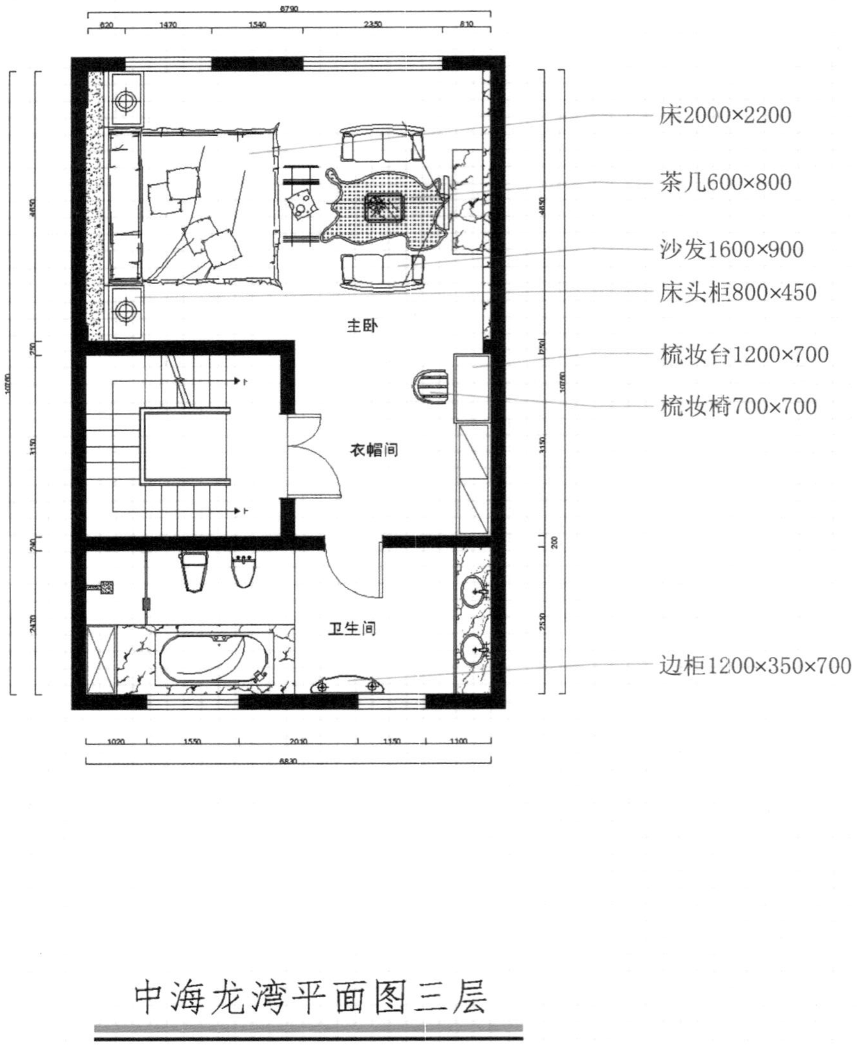

<图7-157 三层平面布置图（单位：mm）

中海龙湾平面图二层

床头柜500×600×500
床1800×2000
衣柜2000×550×2200
书柜2400×350×2000
书桌1800×900×720
主椅800×800
副椅600×600
边桌直径600×高600
主椅800×800

休闲桌800×800

客房

客房

阳光房

书房

客卫

储物间

<图7-156 二层平面布置图（单位：mm）

案例九 金地锦城

项目概况：金地锦城，126 ㎡

设计公司：辽宁中科创艺照明设备技术有限公司

设计师：蔡宝峰

本次设计装饰为现代简约风格。室内墙面、地面、顶棚以及灯具均以简洁的造型、纯洁的质地、精细的工艺为其特征，尽可能不用装饰和取消多余的东西，强调形式应更多地服务于功能。

本套设计方案采用智能控制系统取代传统"开关"控制，控制屏设置场景如下。

餐厅：就餐时，只需要一个按键，餐厅灯光自动调节到就餐的亮度，多个可由房主自定义就餐场景，使房主可在不同的用餐场合享受完全不同的智能体验（烛光晚餐、家庭聚餐、宴会模式等）。

走廊：采用走道功能控制，无人时10%亮度，有人时缓缓升到100%亮度。

起夜场景：主人夜间起夜时，只需手指轻轻一按，启动起夜场景，此时走道到卫生间的灯亮起，光线调整到适合于晚间起夜的亮度，给生活无微不至的关怀。同时考虑老人、儿童行动不方便，在起夜场景设计探测地脚灯和卫生间探测器，自动开灯和延时关灯。

控制屏可控制窗帘、空调，根据时间场景、主人喜好自由设置窗帘和空调温度。

室内照明灯光的色温模拟自然光24小时的变化，家居的色温为2600～3200K模拟的是黄昏的场景，倍感家的温馨，书房取日光的中间色3500～5000K，房间的亮度根据其功能的不同分别定义。

卧室：卧室主要是睡眠、休息的场所，也可用于阅读或亲友密谈。卧室照明主要由一般照明与局部照明组成。卧室应减少在天花上安装灯具（卧室的视觉重点大多在天花上，灯具的选择和安装位置决定是否会产生眩光），可使用台灯、壁灯等照明灯具，增加局部照明，满足功能需求，如图7-158、图7-159所示。

客厅：客厅是日常生活的主场所，整个客厅分为多个场景（氛围场景、休闲会客、私密场景等）。对外会客、家人休息、视听娱乐都在客厅进行。客厅装饰风格是主人身份、地位、修养与情操的象征和表现。因此，客厅的照明重在营造气氛，与建筑结构和室内布置相协调，体现出美好的光环境，给人留下深刻的印象。

本次照明设计打破传统客厅的花灯装饰类灯具，增加射灯洗墙效果，配合下出光48°灯具使得整个空间均匀照亮。造型小巧、设计简洁、又因为是嵌入式灯具，有很好的隐藏效果，使整个天花干

◀图 7-158 卧室白天实景图　　　　　　　◀图 7-159 卧室灯光效果实景图

净整洁，如图7-160～图7-165所示。

此款条形灯参数：光源光通量为1700lm，灯具光通量为663lm，功率为24.5W，发光效率为38.98lm/W，色温为2700K，CRI为95。

书房：书房既要有较高的照度值，又要有宁静的环境，书房内的灯具不能有任何刺激眼睛的眩光。因此选用嵌入式条形灯具，表面是PC扩散罩，有效控制眩光。这类灯具光线比较柔和且造型简洁、大方。书桌上局部照度应达到500lx，以创造阅读与书写条件，以0.75m高度工作面为例，平均照度436lx，最大517lx，最小照度/平均照度为0.81，如图7-166、图7-167所示。

卫生间：拥有洁净宽敞的浴室、卫生间，这是现代家庭文明的标志。浴室是一个使人身心松弛的地方，因此要用柔和的光线均匀地照亮整个浴室。梳妆照明，照度达到300lx以上，灯具安装在镜子上方，在视野60°立体角之外，以免产生眩光，如图7-168、图7-169所示。

◀ 图 7-160　客厅实景图（全开模式）

◀ 图 7-161　客厅实景图（休闲会客）

◀ 图 7-162　客厅实景图（私密场景）

< 图 7-163　嵌入式条形灯

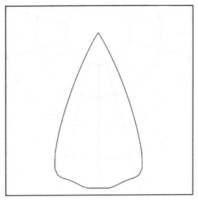

< 图 7-164　配光曲线

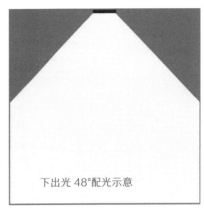

下出光 48°配光示意

< 图 7-165　出光示意图

< 图 7-166　书房实景图

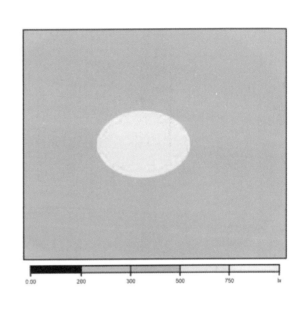

< 图 7-167　书房工作面照度伪彩图

设计平面布置图如图7-170所示，灯位布置图如图7-171所示。

本章训练课题

① 选取一个优秀的设计案例进行分析，可以从设计理念、功能空间、色彩搭配、材质选择等方面进行阐述。

② 为一个三口之家进行居住空间设计，要求满足客户需求，以现代风格为主，各功能区划分明确，总面积100m² 左右，平面自定，完成设计平面图布置。

< 图 7-168　卫生间实景图 1

< 图 7-169　卫生间实景图 2

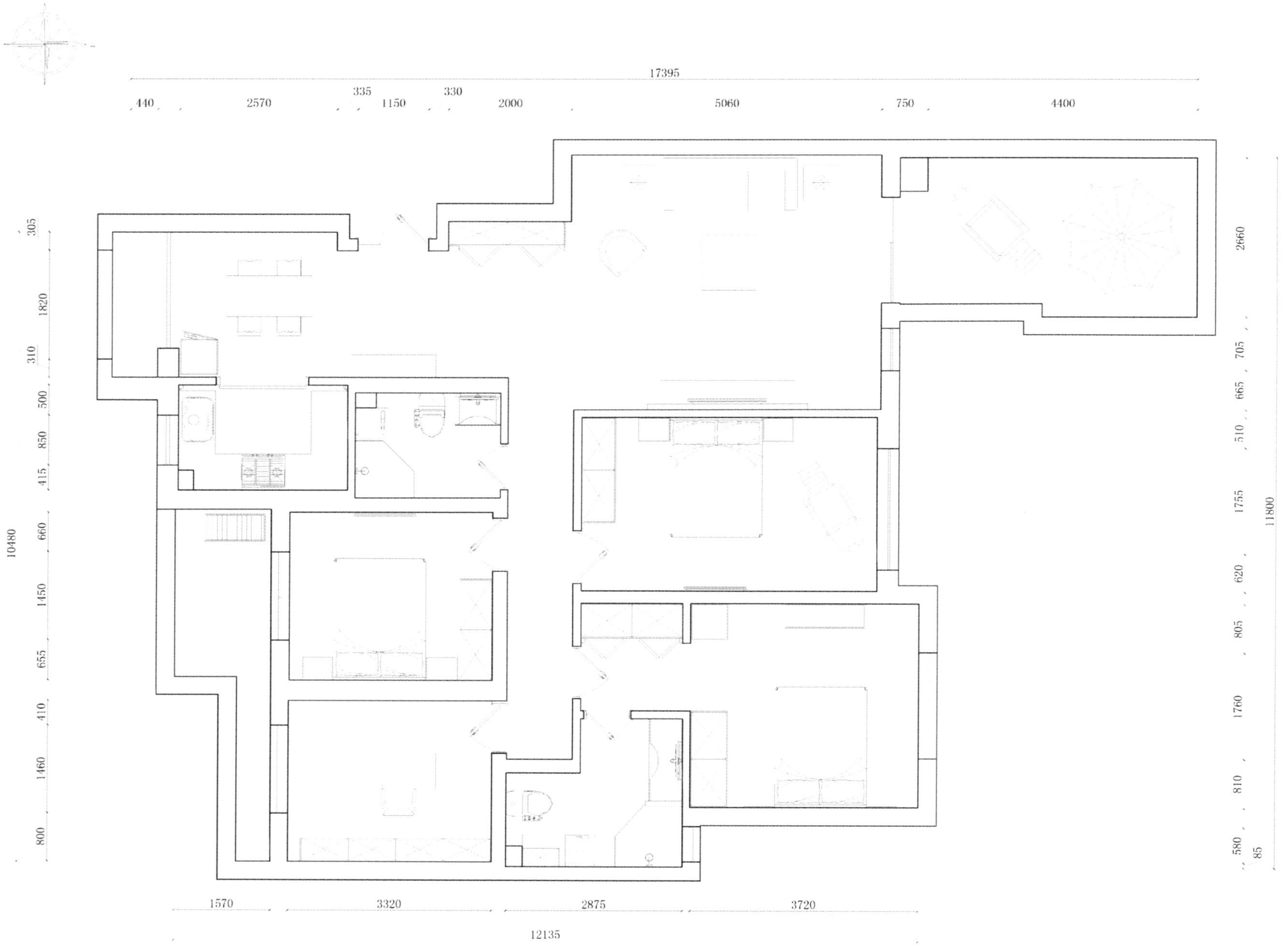

图 7-170　平面布置图（单位：mm）

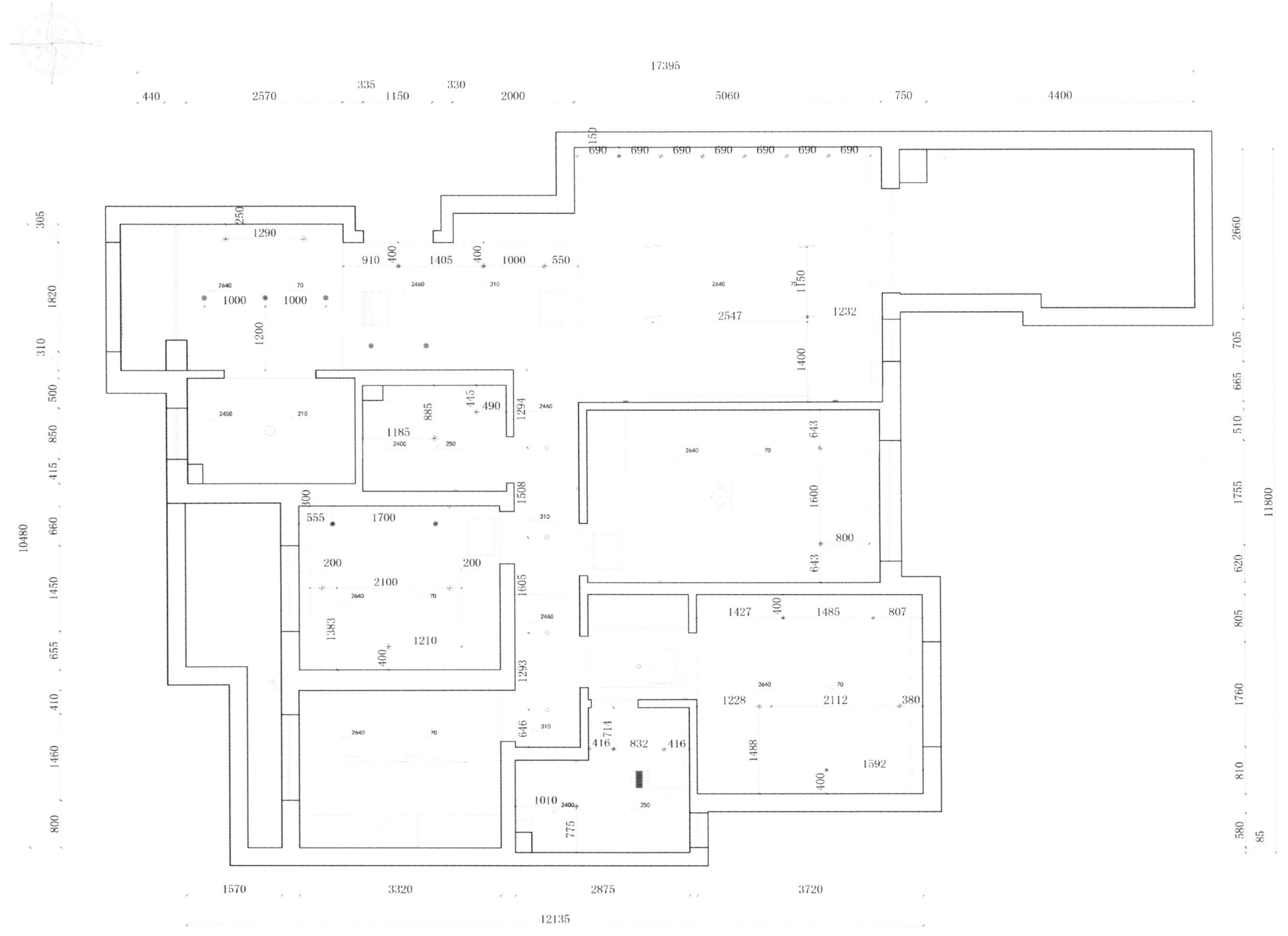

◀ 图 7-171 灯位布置图（单位：mm）

第八章

居住空间室内设计
实训操作

第一节 **实训教学设计**

　　居住空间室内设计课程以理论教学与课内实践相结合，理论课程内容在注重室内设计原理、居住空间室内设计的方法及效果表达的同时，更将前沿室内设计信息技术引入课堂，实现居住空间室内设计课程的新创造。

　　项目实训是该课程教学中的重要组成部分，是保证教学质量的重要手段。实训课程安排在实训室、机房与校外合作企业，其目的是增强学生的感性认识，提高学生的工程意识，采用"行为导向教学法"和"项目驱动法"等教学手段，运用实践教学，培养学生的实践能力和创新能力。

一、课程性质、地位

　　居住空间室内设计是艺术类环境设计专业必修的一门专业课，是一门专业核心课程。它主要介绍居住空间的设计规律，了解居住空间设计的基本原则以及设计表达的方式方法，对学生掌握居住空间设计及图纸表现的技能具有重要地位，为学生将来的其他室内设计课程打下良好的基础。

二、教学目标

　　要求学生正确认识课程的性质、地位，全面了解课程的体系、结构，对居住空间室内设计课程有一个整体的认识。了解居住空间设计原理、居住空间室内设计的内容要点及原则，就能够设计普通住宅的功能空间，并能够通过设计图纸表达。

三、教学要求

① 了解课程的性质、任务及最终目的，全面了解课程的体系结构，对居住空间室内设计课程有一个整体的认识。

② 掌握本学科的基本概念、空间基本构成元素及相关分类，理解居住空间室内设计的风格、空间感的构架，形成居住空间室内设计前的总体构思意识，掌握居住空间室内设计的基本规律和步骤方法。

③ 重点掌握居住空间室内设计的设计方法和程序，熟练掌握居住空间室内设计中各功能空间的氛围营造手法和效果图表现技巧，切实提高设计思维与设计表现的能力。

四、知识要求

① 掌握室内设计的概念、特点、历史及发展趋势。
② 掌握室内环境设计先进的设计理念与思维，了解行业最新发展动态。
③ 掌握空间设计的基本理论和技能。
④ 掌握设计基本原理、效果图技法表现等相关知识和技能。

五、能力要求

① 具有良好的思想道德修养和科学的认知能力。
② 具有一定的人文修养和艺术欣赏能力。
③ 具有一定的设计资料收集、分析和整合能力。
④ 具有较强的设计创意和技巧表现能力。
⑤ 具有较强的设计综合创作能力和表现能力。
⑥ 具有较强的团队协作精神和社会适应能力。
⑦ 具有较强的专业自学能力和不断创新意识。

六、重点、难点

本课程的重点是掌握居住空间室内设计的方法技巧以及表现方式，包括总平面布置、功能空间划分、流线组织和各功能空间的效果表现、材质材料的选择等。

本课程的难点是把理论知识与实践结合，使学生能够根据实际情况，对空间进行组织、设计，达到使用功能的最大化，并且符合业主要求。让学生自己动手进行设计，体现了素质教育。

七、教学方法

为了加强学生在本课程的思维和应用能力，在教学内容的组织安排上，理顺教与学的关系，侧重理论联系实际，强化学生自学能力和应用能力的培养。

1. 案例教学法

在教学过程中，以实际的优秀案例并通过多媒体的教学方式，使学生更加直观地了解和掌握居住空间室内设计的基本知识以及表现方法。在设计过程中，教师对学生进行一对一的辅导，针对每个学生的不同情况做到具体问题具体分析，及时地发现和解决学生在设计过程中遇到的难点。

2. 社会实践

教师带领学生进行课外实践教学，参观家具卖场、建筑装饰材料市场、施工现场及样板间、现场教学、布置调研报告，对居住空间的具体内容进行实践调研，使学生对空间设计及工程实际有更加直观的认识和了解。结合真实案例为学生剖析居住空间室内设计的整个过程，使学生在宏观上掌握居住空间的设计流程。

第二节　**设计的项目任务书**

一、设计任务

《居住空间室内设计》任务书

课程名称：居住空间室内设计		课程编号：********	
授课班级：环境设计****		任课教师：***	
开设学期：2016秋季学期	总学时：64	学分：4	周学时：8

一、课程教学目的：

掌握居住空间室内设计的基本原理，包含居住空间的历史、现状、发展趋势、居住空间要素、功能分区设计、风格与流派、设计流程、材料与工艺等知识内容。

二、项目整体介绍（背景材料——品牌名称、地理位置、企业文化、发展战略）：

范例：本次课程所选择的的项目为沈阳万科明天广场，地点位于浑南区21世纪广场地铁站出口处，毗邻奥体中心。沈阳金廊南端，是沈阳城市发展战略中的核心区域。万科明天广场是继万科城、万科金域蓝湾后，万科集团在沈阳南部打造的又一代表作品，集合优势区位、便利交通、学区教育优势及成熟呈现的生活配套设施为一体，将为您的生活带来更高的品质与幸福。万科成立于1984年5月，一直以"让建筑赞美生命"为自己的设计理念。

三、设计要求【设计任务书——参与人数、设计时限（课时量）、设计范围、主题解析、未来消费人群分析、未来营销方案】：

范例：针对主人需要、充分考虑各功能分区、组织合理的流线。充分利用已有自然条件，结合人为效果，创造合理、舒适的居住环境。项目位于万科明天广场27号楼E户型，129 m²，三室两厅两卫，南北通透。未来业主拟定：四口之家，年收入在15万～25万之间的中高收入人群，对生活品质有要求。

四、作业规格及提交要求（图纸数量、内容、参考规范）：

（一）图册

使用A3图册，每张图纸自行板式设计，施工图严格参照制图统一规范执行，每张图纸均要求有详细的尺寸、材料标注、相应的索引等。

（二）所有图纸必须使用手绘绘制

① 设计说明：不少于500字；有标题部分、说明部分；字体、页边距自定；设计整体思路、理念；语言详尽、准确、简练。

② 总平面布置图要求：平面布置图1张，包含家具布置、适当的植物绿化、室内陈设设计；平面功能分区图1张；平面流线图1张。每张图纸包含图名、比例、内视符、尺寸标注、材料标注、标题栏，其中比例自定。

③ 天花布置图要求：天花布置图1张，含顶面装修、照明设计、建筑设备系统概念设计等，图纸中包括灯具表、材料标注、尺寸标注、标高、图纸名称、标题栏，其中比例自定。

④ 立面图要求：每个空间不少于2个立面；需要明确表达出界面、设施、配饰等的设计内容；厨房、卫生间、起居室、卧室为必有空间。每张图纸中包括图名、比例、层高、材料标注、标题栏，其中比例自定。

⑤ 剖面图：重点空间的剖立面至少1张，需要明确表达出界面、设施、配饰等的设计内容。每张图纸中包括图名、比例、尺寸、材料标注、标题栏，其中比例自定。

⑥ 详图、节点图：表达平、顶、立所未表达清楚的方面，内容准确、详尽，每张图纸中包括图名、比例、尺寸、材料标注、标题栏，其中比例自定。

⑦ 效果图：重点空间的彩色效果图（起居室、卫生间或者厨房、卧室空间）不少于4张。

⑧ 钢笔徒手小透视：若干张。

五、成绩评定方法：

具体成绩评定办法：基本情况说明（平时成绩、图纸成绩比例构成及具体考核项目）

（一）期末总成绩

平时成绩+图纸成绩=100分

平时成绩比例：30%，其中包括出勤10%+课堂表现10%+调研报告10%

图纸成绩比例：70%，其中包括一草10%+二草10%+三草10%+正图40%

（二）具体考核办法

1. 出勤考核

迟到一次扣1分，旷课扣3分，缺课超过1/3的取消考试资格。

2. 课堂表现

10分～8分，上课积极听讲、回答问题主动准确、课堂内能认真完成布置作业、不玩手机。

7分～4分，上课积极听讲、回答问题准确、课堂内可以完成作业，有溜号、做与课堂无关的事情、有玩手机现象。

0分～3分，出现抄袭其他人作业情况。

3. 调研报告

10分～8分，调研报告撰写完整、质量优秀。

7分～4分，调研报告撰写完整，质量一般。

0分～3分，调研报告出现不完整、潦草及抄袭情况。

4. 第一次草图

包括平面功能分区、天花图、地面铺装图，对风格及设计元素定位准确。

10分～7分，图纸完整，定位准确、清晰。

6分～3分，图纸缺少一项，风格定位不准确，设计元素定位不准确。

0分～2分，态度不认真，出现抄袭、复制他人作业的情况。

5. 第二次草图

修改一草不合理部分，完成立面图设计。

10分～7分，修改一草图纸认真、合理，立面图绘制准确，规范。

6分～3分，修改一草图纸仍然出现错误，立面图绘制出现2处以上不准确、不规范地方。

0分～2分，学习态度不认真，出现抄袭、复制他人作业的情况。

6. 第三次草图

修改立面图设计及完成剖面节点图、方案效果图及小透视。

10分～7分，修改立面图图纸认真、合理，剖面图、节点图绘制准确，规范，小透视效果图透视准确，色彩生动，表现合理。

6分～3分，修改立面图、剖面图纸仍然出现错误，小透视效果图表现不合理，透视出现严重错误。

0分～2分，学习态度不认真，出现抄袭、复制他人作业的情况。

7. 正图绘制

整体排版、制图规范、方案设计。

40分～30分，整体图册排版美观；整体图纸出现2处以内错误，设计方案环保、新颖、实用、美观，室内色彩搭配合理。

29分～20分，整体图册排版规矩，但是缺少美观性；整体图纸出现2处错误，设计方案实用、美观，室内色彩搭配一般。

19分～5分，学习态度不认真，整体图册排版不美观，图纸总共出现3处以上错误，室内色彩搭配不准确。

0分～4分学习态度不认真，出现抄袭、复制他人作业的情况。

二、作品表现

以下是部分学生作品。

居住空间设计
课程作品展
Residential space design
居住空间设计与材料研究工作室

1550110920　牟佳辉
指导教师：赵　一

古韵

彩平

设计说明：本方案构成主要体现在传统家具装饰品以木质为主，室内多采用对称式的布局方式，格调高雅，造型朴素色彩浓厚成熟，充分体现中国传统美学。

功能分析

流线分析

草图

效果图

鸟瞰图

720全景

立面图

设计说明：本方案主要采用硬朗简洁的直条，空间通透并具有层次感。既使得中式家具古典、朴质的内涵显现，又符合现代人追求的时尚感、实用性，并表达了对清雅含蓄，端庄丰华的东方式精神的追求。

意向图

手绘

学生姓名：牟佳辉

凉 友

INTERIOR DESIGN

宋陶谷《青异录·器具》有云：净君扫浮尘，凉友招清风。

现代中式客厅家具饰品疏密有致，深浅色彩搭配恰到好处，客厅装修黄蓝色给人的视觉冲击力很强，简洁硬朗的现代中式客厅装修直线条，宁静素雅的气氛，墙上运用扇面扇柄的拆分进行再次设计，即不失大雅，又个性独特。

意向图

客厅效果图

主卧效果图

业主喜欢现代简洁，也喜欢中式的质朴，口味清淡，要求风格老少皆宜，不要太个性张扬，控制在大众审美都能接受的前提下有点特色既具备适合现代审美的简洁明快，同时又保留或者说发展了中式家装风格的深远禅意，还巧妙借鉴了中国古代庭院的"借景"手法，打破通常家装的那种局促俗常，让房间光线明亮又处处让人惊喜，客厅隔断 月亮门选用白釉瓷做装饰，即赋有中式风格，还存在强烈的现代感。

客厅立面图

主卧立面图

在茶室的设计上没有用太多的华丽元素，主要通过用室内的摆设和装修给人带来一种全新的现代茶室感觉，空间以黑白灰，再加一小部分的蓝色，给人以简单大方又不失大雅的茶室。

茶室效果图

餐厅效果图

经过初期的草稿，完成平面图给以明确的局方案，再完成人流分析图，功能分析图

初期草稿

彩色平面图

人流分析图

功能分析图

次卧效果图

居住空间设计与材料研究工作室：14环境1班　　　姓名：王楠楠　　指导教师：赵一

学生姓名：王楠楠

逸尘阳关一听涛，墨承今古绘暮朝

居住设计方案

Design concept

设计理念

本方案为这个家庭量身定做。户主是一对40出头的夫妻。两人都是老师，男主人是语文老师，女主人是美术老师，喜欢中国的传统文化。所以，给这个方案命名为"逸墨"。"逸"是指超凡脱俗，卓尔不群。"墨"是指诗文成书画。正是他们所向往的生活和所喜爱的事物。

本方案多采用简洁、硬朗的直线条。以"计黑当白"的水墨元素为主。符合现代人生活习惯的室内居住空间舒适的居住生活。其内的空间布置，如客厅、卧室、餐厅书房充分的体现了现代生活的要求。

卧室手绘图

设计过程

量尺寸 → 画草图 → 平面布局 → 建模 → 整体设计

完成设计 ← PS后期 ← 渲染 ← 灯光 ← 材质

整体的装饰品为黑白黄为主的装饰色彩，室内多采用对称式的布局方式，格调高雅，造型简朴优美，色彩浓重而又成熟。本案的室内设计包括字画、盆景、瓷器、古玩、屏风、博古架等，追求一种修身养性的生活境界。艺术特点是总体布局对称均衡，端正稳健，而在装饰细节上喜爱自然情趣，花鸟、鱼虫等精雕细琢，富有变化充分体现了中国传统美学精神。

餐厅效果图

居住空间设计与材料研究工作室：14环境1班　　姓名：燕金璇　　指导教师：赵一

学生姓名：燕金璇

设计说明

　　本方案是为一家三口设计的150平米居住空间方案，业主夫妇30岁左右，两人从事设计行业，孩子5-6岁。本方案以实木颜色为基础，搭配绿色软装饰摒弃了繁琐和奢华，以舒适机能为导向，营造出美式乡村风格"回归自然"的主题。让两位业主在繁忙的工作之余，享受温馨舒适的居住环境。

客厅说明

　　客厅采用美式木龙骨吊顶，以天然的材质彰显自清新的品质，带给我们田园的闲适感。客厅采用了米色为主色，配以拱形的电视背景墙和绿色的马赛克，增强了通透清澈的感觉地面采用了红棕色仿古砖，与吊顶的木龙骨形成了湖应该的美。

客厅效果图
RENDERING OF LIVLING ROOM

门厅效果图
RENDERINGS OF THE LOBBY

书房效果图
RENDERINGS OF STUDY

客厅意象图

书房意象图

儿童房效果图
RENDERINGS OF KIDS ROOM

卧室效果图
RENDERINGS OF DETAIL

卧室草图

卧室意象图

彩色平面图

流量分析图

沙发背景墙立面图

电视背景墙立面图

学生姓名：云琦菲

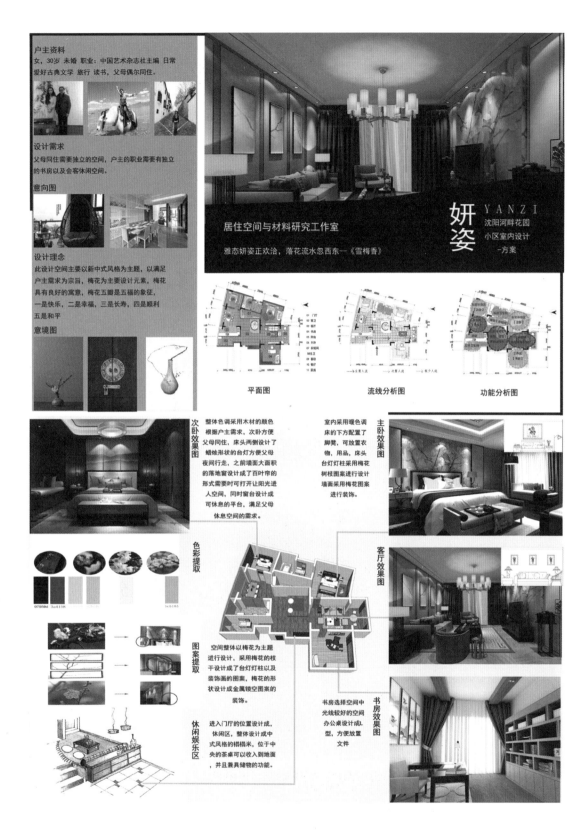

学生姓名：张婷婷

本章训练课题

根据项目任务书的具体要求，完成规定的室内设计方案。

参考文献

REFERENCE

[1] 艾伦PS，琼斯LM，斯廷普森MF著.室内设计概论：第9版.胡剑虹等编译.北京：中国林业出版社，2009.

[2] 福多佳子著.照明设计.朱波等译.北京：中国青年出版社，2014.

[3] 周燕珉等著.住宅精细化设计.北京：中国建筑工业出版社，2006.

[4] 高光，廉久伟.居住空间设计.沈阳：辽宁美术出版社，2008.

[5] 沈渝德，刘冬.住宅空间设计教程.重庆：西南师范大学出版社，2006.

[6] 朱淳，王纯，王一先.家居室内设计.北京：化学工业出版社，2014.

[7] 叶柏风.居室空间设计.北京：中国轻工业出版社，2016.

[8] 高海涛.室内装饰工程施工工艺详解.北京：中国建筑工业出版社，2017.

[9] 张琪.室内装修材料与施工工艺.北京：化学工业出版社，2014.

[10] 董玉库.西方家具集成：一部风格、品牌、设计的历史.天津：百花文艺出版社，2012.